看视频！零基础
学做荤菜

甘智荣◎编著

SPM 南方出版传媒·广东人民出版社

·广州·

图书在版编目（CIP）数据

看视频！零基础学做荤菜 / 甘智荣编著. —广州：
广东人民出版社，2018.8

ISBN 978-7-218-12244-1

Ⅰ.①看… Ⅱ.①甘… Ⅲ.①荤菜－菜谱 Ⅳ.①TS972.125

中国版本图书馆CIP数据核字（2017）第271626号

Kan Shipin! Lingjichu Xuezuo Huncai

看视频！零基础学做荤菜

甘智荣 编著

出 版 人：肖风华

责任编辑：严耀峰 李辉华
封面设计：青葫芦
摄影摄像：深圳市金版文化发展股份有限公司
策划编辑：深圳市金版文化发展股份有限公司
责任技编：周 杰

出版发行：广东人民出版社
地　　址：广州市大沙头四马路10号（邮政编码：510102）
电　　话：（020）83798714（总编室）
传　　真：（020）83780199
网　　址：http://www.gdpph.com
印　　刷：福州凯达印务有限公司
开　　本：710毫米×1000毫米　1/16
印　　张：15　　字　数：220千
版　　次：2018年8月第1版　2018年8月第1次印刷
定　　价：39.80元

如发现印装质量问题，影响阅读，请与出版社（020-32449105）联系调换。
售书热线：020-83040176

01
PART

无肉不欢，荤菜烹饪秘籍

002…为了吃点好的，来看看怎么选购肉类吧

004…让家常肉菜堪比酒店菜肴的10个诀窍

006…别怕吃肉，这样做让你百吃不胖

007…烹饪禽畜肉更快、更香、更营养的小窍门

010…关于水产，你不知道的烹调小窍门

目录 Contents

02
PART

回味无穷的畜肉

◎猪肉

012…干煸芹菜肉丝

013…莲花酱肉丝

014…白菜粉丝炒五花肉

015…辣子肉丁

015…红烧肉卤蛋

016…酱香菇肉

017…青椒豆豉盐煎肉

018…酱香回锅肉

019…酱爆肉丁

019…椒香肉片

020…红烧狮子头

021…广东肉

022…肉酱蒸茄子

023…肉末胡萝卜炒青豆

023…西红柿肉盏

024…酸辣肉片

025…红汤猪肉丸

◎火腿

026…蒜泥三丝

027…香菇烧火腿

027…烫三丝

◎腊味

028…腊味蒸茄子

029…熏腊肉炒杏鲍菇

030…柚子蒸南瓜腊肉

031…豆皮香肠卷

031…西葫芦炒腊肠

032…洋葱腊肠炒蛋

033…萝卜干炒腊肠

◎培根

034…藕片荷兰豆炒培根

035…培根苹果卷

◎排骨

036…干煸麻辣排骨

037…排骨酱焖藕

038…酸甜西红柿焖排骨

039…孜然卤香排骨

039…红薯蒸排骨

040…小米洋葱蒸排骨

041…胡萝卜板栗排骨汤

◎猪蹄

042…南乳花生焖猪蹄

043…三杯卤猪蹄

044…橙香酱猪蹄

045…香辣蹄花

045…萝卜干蜜枣猪蹄汤

◎猪皮

046…黄豆花生焖猪皮

047…冬笋豆腐干炒猪皮

047…白果猪皮美肤汤

◎猪血

048…肉末尖椒烩猪血

049…黄豆芽猪血汤

◎猪耳

050…酸豆角炒猪耳

051…葱香猪耳朵

◎猪肚

052…爆炒猪肚

053…西葫芦炒肚片

054…卤猪肚

055…凉拌猪肚丝

055…鹰嘴豆炖猪肚

◎猪肝

056…泡椒爆猪肝

057…小炒肝尖

058…芦笋炒猪肝

059…菠菜炒猪肝

◎猪肠

060…干煸肥肠

061…焦炸肥肠

061…土豆南瓜烧肥肠

◎牛肉

062…干煸芋头牛肉丝

063…山楂菠萝炒牛肉

064…牛肉苹果丝

065…红薯炒牛肉

065…酱烧牛肉

066…五香酱牛肉

067…萝卜炖牛肉

068…卤水拼盘

069…清炖牛肉汤

069…酸汤牛腩

◎羊肉

070…松仁炒羊肉

071…香菜炒羊肉

072…葱爆羊肉片

073…羊肉西红柿汤

073…胡萝卜板栗炖羊肉

◎羊肚

074…尖椒炒羊肚

075…土豆炖羊肚

075…红烧羊肚

◎兔肉

076…红焖兔肉

077…红枣板栗焖兔肉

077…兔肉萝卜煲

078…葱香拌兔丝

03 PART

满口香浓的禽肉

◎鸡肉

080⋯歌乐山辣子鸡
081⋯麻辣干炒鸡
082⋯腰果炒鸡丁
083⋯白果鸡丁
083⋯酱爆鸡丁
084⋯茄汁豆角焖鸡丁
085⋯荔枝鸡球
086⋯圣女果芦笋鸡柳
087⋯酸脆鸡柳
087⋯圆椒桂圆炒鸡丝
088⋯双椒鸡丝
089⋯干煸麻辣鸡丝
090⋯怪味鸡丝
091⋯虫草花香菇蒸鸡
091⋯鸡丝茄子土豆泥
092⋯开心果鸡肉沙拉
093⋯山药胡萝卜炖鸡块

◎鸡腿

094⋯剁椒蒸鸡腿
095⋯迷迭香煎鸡腿
096⋯茶香卤鸡腿
097⋯辣酱鸡腿
097⋯蜜酱鸡腿

◎鸡翅

098⋯卤凤双拼
099⋯酱汁鸡翅
100⋯啤酒鸡翅
101⋯红烧冰糖鸡翅
101⋯香辣鸡翅

◎鸡爪

102⋯卤鸡爪
103⋯无骨泡椒凤爪
103⋯芡实苹果鸡爪汤

◎鸡脆骨

104⋯泡椒鸡脆骨
105⋯椒盐鸡脆骨
105⋯双椒炒鸡脆骨

◎鸭肉

106⋯蒜薹炒鸭片
107⋯山药酱焖鸭
108⋯酱鸭子
109⋯茭白烧鸭块
109⋯红扒秋鸭

◎腊鸭

110⋯韭菜花炒腊鸭腿
111⋯香芋焖腊鸭
111⋯湘味蒸腊鸭

◎鸭血

112⋯鸭血虾煲
113⋯麻辣鸭血

◎鸭胗

114⋯雪里蕻炒鸭胗
115⋯荷兰豆炒鸭胗
115⋯洋葱炒鸭胗

◎鸭肠

116⋯彩椒炒鸭肠

117…空心菜炒鸭肠 121…辣炒鸭舌

◎鸭心 ◎鸽肉
118…陈皮焖鸭心 122…黄精海参炖乳鸽
119…葱爆鸭心 123…四宝乳鸽汤
119…酸萝卜炒鸭心 123…五彩鸽丝

◎鸭舌 ◎鹌鹑
120…椒盐鸭舌 124…红烧鹌鹑

04
PART

水产海鲜

嫩滑鲜香的

◎草鱼
126…菊花草鱼
127…香辣水煮鱼
127…麻辣香水鱼
128…辣子鱼块
129…咸菜草鱼

◎福寿鱼
130…酸笋福寿鱼
131…豉香福寿鱼

◎鲤鱼
132…糖醋鱼片
133…豆瓣酱烧鲤鱼
133…木瓜鲤鱼汤

◎鲫鱼
134…醋焖鲫鱼
135…酱烧啤酒鱼
136…肉桂五香鲫鱼
137…葱油鲫鱼
137…麻辣豆腐鱼

◎生鱼
138…菜心炒鱼片
139…茄汁生鱼片
140…鲜笋炒生鱼片
141…节瓜红豆生鱼汤

◎鳜鱼
142…蒜烧鳜鱼
143…包心鳜鱼
143…珊瑚鳜鱼

◎鳕鱼
144…四宝鳕鱼丁
145…辣酱焖豆腐鳕鱼
146…西红柿烧汁鳕鱼
147…如意豆皮金钱袋
147…鳕鱼土豆汤

◎鲳鱼
148…白萝卜烧鲳鱼
149…香菇笋丝烧鲳鱼
149…茄汁鲳鱼

◎黄鱼

150…花雕黄鱼
151…春笋烧黄鱼
151…蒜烧黄鱼

◎鲈鱼

152…咖喱鱼块
153…酱香开屏鱼
154…剁椒鲈鱼
155…绣球鲈鱼
155…烧汁鲈鱼

◎带鱼

156…豆瓣酱烧带鱼
157…湘味蒸带鱼

◎金枪鱼

158…金枪鱼鸡蛋杯
159…土豆金枪鱼沙拉
159…金枪鱼丸子汤

◎三文鱼

160…茄汁香煎三文鱼
161…三文鱼蔬菜汤

◎泥鳅

162…酱炖泥鳅
163…莴笋烧泥鳅
163…香附泥鳅豆腐汤

◎鳝鱼

164…响油鳝丝
165…红枣板栗烧黄鳝
166…大蒜烧鳝段
167…红烧黄鳝
167…竹笋炒鳝段

◎鱿鱼

168…蚝油酱爆鱿鱼

169…酱爆鱿鱼圈
170…紫苏鱿鱼卷
171…茄汁鱿鱼卷
171…干煸鱿鱼丝
172…青椒鱿鱼丝
173…蒜薹拌鱿鱼
173…咖喱海鲜南瓜盅

◎墨鱼

174…豉椒墨鱼
175…五味花枝
176…碧绿花枝片
177…沙茶墨鱼片

◎海蜇

178…黑木耳拌海蜇丝
179…白菜梗拌海蜇
180…桔梗拌海蜇
181…黄瓜拌海蜇
181…老醋莴笋拌蜇皮

◎牛蛙

182…香菇蒸牛蛙
183…草菇炒牛蛙
183…剁椒牛蛙

◎海参

184…参杞烧海参
185…海参炒时蔬
186…手工鱼丸烩海参
187…海参瑶柱虫草煲鸡

◎虾

188…酱爆虾仁
189…腰果西芹炒虾仁
189…海鲜鸡蛋炒秋葵
190…芦笋沙茶酱辣炒虾
191…黄金马蹄虾球

目录
Contents

192…韭菜花炒虾仁
193…干焖大虾
194…蒜香大虾
195…生汁炒虾球
195…元帅虾
196…西施虾仁
197…干煸濑尿虾
198…小炒濑尿虾
199…白玉百花脯
199…香辣虾仁蒸南瓜
200…蒜香豆豉蒸虾
201…清蒸濑尿虾
201…明虾海鲜汤

◎蟹
202…香辣酱炒花蟹
203…美味酱爆蟹
204…桂圆蟹块
205…螃蟹炖豆腐

◎北极贝
206…北极贝蒸蛋
207…凉拌杂菜北极贝

◎蛤蜊
208…酱香花甲螺
209…节瓜炒花甲
209…泰式肉末炒蛤蜊
210…酱汁花蛤
211…酒蒸蛤蜊
212…丝瓜炒蛤蜊肉
213…黄瓜拌蚬肉
213…麻辣水煮花蛤

◎蛏子
214…姜葱炒蛏子
215…蒜蓉蒸蛏子

215…粉丝蒸蛏子

◎海瓜子
216…酱爆海瓜子
217…九层塔炒海瓜子
217…辣炒海瓜子

◎鲍鱼
218…油淋小鲍鱼
219…百合鲍片
220…鲍丁小炒
221…鲜虾烧鲍鱼
221…蒜蓉粉丝蒸鲍鱼

◎生蚝
222…脆炸生蚝
223…软炒蚝蛋
223…生蚝茼蒿炖豆腐

◎扇贝
224…焗烤扇贝
225…扇贝拌菠菜
225…蒜香粉丝蒸扇贝

◎干贝
226…干贝芥菜
227…干贝炒丝瓜
228…水晶干贝
229…鸡丁炒鲜贝
229…干贝胡萝卜芥菜汤

◎螺
230…香菜炒螺片
231…辣椒炒螺片
231…香辣小海螺
232…海底椰响螺汤

PART 01 无肉不欢，荤菜烹饪秘籍

食肉的人生，不需要解释。爱吃肉的朋友对于各种肉类佳肴的喜爱，可以说得上是百分之百的真爱。在各种肉类佳肴面前大快朵颐，真是人生一大幸事。对于无肉不欢的朋友，要想亲手烹饪出健康、营养、美味的肉菜，前提是要掌握以下的荤菜秘籍。

为了吃点好的，来看看怎么选购肉类吧

肉类，几乎是我们餐桌上不可缺少的美味。大家都知道肉类食物营养丰富，但是如果选不好食材，可能会给人体带来一些危害。下面我们就来了解一些常见肉类的选购要点。

「猪肉的选购」

买猪肉时，根据肉的颜色、气味、软硬等可以判断出其品质优劣。新鲜的猪肉看颜色即可看出其柔软度，肉色呈淡红色则较柔软，品质也较优良，而肉色较红则表示肉较老，此种肉质既粗又硬，最好不要购买。优质的猪肉带有香味，变质的肉一般都会有异味，这种肉最好不要购买。

质量好的冻猪肉外观肌肉呈均匀红色，无冰或仅有少量血冰，切开后肌肉间冰晶细小，解冻后肌肉有光泽，呈红色或稍暗的红色，脂肪为白色。

「牛肉的选购」

买牛肉时，也可根据外观、颜色、气味等判断其品质优劣。首先，可看牛肉皮有无红点，无红点是好肉，有红点者是坏肉。其次，可以看脂肪，新鲜肉的脂肪洁白或淡黄色，次品肉的脂肪缺乏光泽，变质肉脂肪呈绿色。而且新鲜肉具有正常的气味，较次的肉有一股氨味或酸味。

「鸡肉的选购」

健康的活鸡，一般精神饱满，眼睛有

神、灵活，眼球占满整个眼窝，两翅紧贴身体，羽毛致密、油润、有光泽，爪壮有力，行动自如。

处理过的鸡肉则要选肉质紧密排列，颜色呈干净的粉红色而有光泽的。一般此种鸡肉皮呈米色，有光泽和张力，毛囊突出。不要挑选肉和皮的表面比较干，或者含水较多、脂肪稀松的鸡肉。

「鸭肉的选购」

鸭肉的体表光滑，呈现乳白色，切开鸭肉后切面呈现玫瑰色就说明是质量良好的鸭肉。新鲜优质的鸭肉摸上去肉很结实，鸭胸上有凸起的胸肉，腹腔内壁可清楚看到盐霜。如果鸭肉摸起来较为松软，腹腔潮湿，则说明鸭肉质量不佳。如果摸起来松软，有黏腻感，说明鸭肉可能已变质，不应当再买。

「鱼的选购」

对于市场上出售的鱼，我们可以从游动、外形、软硬三方面来判定其是否新鲜。买活鱼时，建议观察鱼在水内的游动情况，新鲜的鱼一般都游于水的中、下层，游动状态正常，没有身斜、翻肚皮现象。新鲜的鱼，鱼体光滑、整洁、无病斑、无鱼鳞脱落，鱼眼略凸、眼球黑白分明，鳃色鲜红，腹部有没有变软、破损，肉质坚实但有弹性，手指压后凹陷能立即恢复。

「虾的选购」

新鲜的虾，头尾与身体紧密相连，虾身有一定的弯曲度，虾皮壳发亮，河虾呈青绿色，海虾呈青白色（雌虾）或蛋黄色（雄虾）。鲜虾的气味正常，有淡淡的天然腥味，肉质坚实细嫩，有弹性；冻虾仁应挑选表面略带青灰色，手感饱满并富有弹性的。

「螃蟹的选购」

买螃蟹，不仅要看其是否新鲜，还要看是否肥嫩，同时还要明辨河蟹、死蟹，以免被不法商贩欺骗。凡蟹足上绒毛丛生，则为蟹足老健，而蟹足无绒毛，则体软无力。将螃蟹翻转身来，腹部朝天，能迅速用腿弹转翻回的，活力强，可保存；不能翻回的，活力差，存放的时间不能长。肚脐凸出来的螃蟹，一般都膏肥脂满，而凹进去的，大多膘体不足。

河蟹应该是活的，死的不能出售，但有的商贩将死河蟹冒充海蟹出售。两者的识别方法是，河蟹的背壳是圆形的，海蟹的背壳则呈棱形。

让家常肉菜堪比酒店菜肴的10个诀窍

我们都知道，酒店做的菜总是比家中做的口感更好。除了火候的掌控，怎么才能让家里做的肉菜也有酒店的水准呢？这是个值得探讨的问题。在这里，我们将告诉大家一些让肉菜口感更好的小诀窍。

「干淀粉法」

适用于炒肉片、肉丝菜肴。肉片、肉丝切好（红肉逆纹切，白肉顺纹切）后，加入适量的干淀粉，反复拌匀，半小时后上锅炒。可使肉质嫩化，入口不腻。

「小苏打法」

切好的肉片或肉丝加入少许小苏打和水拌匀腌制15分钟，再进行料理，成菜肉质软嫩，纤维疏松。

「植物油法」

先在肉中下好作料，再加适量菜油（如豆油、菜籽油）拌匀，半小时后下锅。炒出来的牛肉金黄玉润，肉质细嫩。

「挂浆法」

适用于炒肉丝、肉片菜肴。切好的肉片或肉丝放在一个大碗里，放入适量盐、料酒和淀粉搅拌成浆，三者的比例为1：2：2。把肉丝放入浆中，加入适量的葱丝和姜丝调味，用手抓匀，静置20分钟。浆好的肉丝下锅前再次用手抓匀，如果有出水的现象，可以滤掉多余的水分再炒。

「啤酒法」

适用于炖肉、烧肉或者爆炒。切好的肉片、肉丝，用适量干淀粉加啤酒调成糊浆状，这样炒出来的肉品不仅鲜嫩爽口，而且有一种特殊风味。炖肉或者焖烧的时候加一些啤酒，可以使肉质很快软烂鲜嫩。

「蛋白法」

适用于炒肉类菜肴。在肉片、肉丝、肉丁中加入适量鸡蛋清，搅拌均匀，静置15~20分钟后上锅，炒出的肉质鲜滑、可口。

「加醋法」

余过水的猪蹄，加少许白醋腌制20分钟后，再进行料理，猪皮会膨胀，料理的时候格外嫩滑。

「摔打法」

适用于肉馅或丸子。在肉馅中加入一汤匙干淀粉，分批次加入少许冷水或花椒水，用筷子向着一个方向搅拌，直到所有水分都被吸收，肉馅抱成团，可以被完整地从碗中拿起。用手拿起肉馅，在碗中反复摔打，直到感觉肉馅充满弹性即可。这样处理过的肉馅再拿来做丸子，口感会更加鲜嫩、弹爽。

「肉叉法」

猪排比较厚，五星级的酒店有专门的松肉器，家里料理没有专门的工具，可用叉子在猪排两面反复扎些小孔，破坏肉的组织，这样容易腌制入味，吃起来也不会有任何老的感觉。

「敲打法」

把肉切成所需厚度的大片，把肉平放在案板上，用肉槌有齿的一面反复捶打，直到肉片表面出现凹凸不平的小点，用手触摸感觉肉质已经变得松软即可，捶打时不需要太用力。如果没有肉槌，可以试着用刀背代替。

别怕吃肉，这样做让你百吃不胖

很多爱美的女生认为吃肉会长胖，因此拒绝吃肉。这是一种偏激的做法，不可取。事实上，吃肉不一定会长胖，关键是要讲究方法，而且在肉类的选择上也要注意。下面，我们一起来看看吃肉不长胖的几个原则吧！

「烹饪方法很重要」

蒸是最适合的烹饪方式，不仅少用了不少油，而且像蒸的方式一般会比红烧的办法少用很多糖。

「要减少烹饪时间」

在肉类烹饪上，时间越长，就意味着使用的调料会越多。所以，尽量少吃炖入味的肉，而改吃浇汁入味的肉菜。

「多吃白肉，少吃红肉」

减肥期间吃肉，低脂、高蛋白的禽肉是首选。因为即使再瘦的猪肉、牛肉里也会隐藏很多看不到的脂肪，而禽肉只要选对部位，就可以几乎不摄入脂肪。

「吃对部位很重要」

同样的肉，不同的部位，因为脂肪含量不一样，热量也是不一样的。因此，吃哪块肉非常关键。比如鸡翅尖主要是由鸡皮和脂肪构成，所以热量就比鸡胸肉高。常用来做酿苦瓜、酿茄子、酿豆腐的肉糜，为使口感更好，在制作时一般会搅入很多肥肉，导致热量很高。所以，要选择合适的部位烹饪。

「单纯吃肉」

不要配着米饭或烧饼吃肉，而要单纯吃肉，这倒不是因为肉类和淀粉类相互作用使身体更容易吸收进热量，而是因为汤汁拌着米饭或者肉夹着烧饼太香了，让食欲不知不觉地增加，导致过食，无形中脂肪、热量摄入过多。

「吃小肉不吃大肉」

就是把肉切成肉片或肉条，和其他蔬菜一起烹饪，而不是吃单纯的炖排骨、烤鸭子，避免"大块吃肉"，这样虽然吃了肉，但却不会吃进太多，能起到克制作用。

「尽量选购低脂肉类」

在购买肉类时，应该多选择饱和脂肪酸较少的鸡及鱼类，少买五花肉、香肠等脂肪多的肉类。在烹调时，建议采用水煮、烤、卤、蒸等用油少的方式，可减少热量摄入，预防肥胖。

「熬汤也要除油」

肉类熬汤时，看到汤的表面有明显的油脂浮出来，就要用市售的火锅吸油棉纸除去油脂，或是小心地用汤匙捞除。

烹饪禽畜肉更快、更香、更营养的小窍门

肉类营养丰富，吸收率高，滋味鲜美，可烹调成多种多样为大众所喜爱的菜肴，所以肉类是食用价值很高的食品。但是，怎样烹饪才能把肉类的营养保持得最好，同时形成最佳口感呢？

（1）烹饪羊肉要去膻味，比如将萝卜块和羊肉一起下锅，半小时后取出萝卜块即可。放几块橘子皮更佳。

（2）为了使牛肉炖得快、炖得烂，加一小撮茶叶（约为泡一壶茶的量）同炖，用纱布包好同煮，肉很快就烂且味道鲜美。

（3）煮骨头汤时加一小匙醋，可使骨头中的磷、钙溶解于汤中，并可保留汤中的维生素。

（4）煮牛肉和其他韧、硬肉类以及野味禽类时，加点醋可使其软化。

（5）根据不同水温下不同的汤料：用新鲜鸡、鸭、排骨等炖汤，必须待水开后下锅；但用煮腌过的肉、鸡、火腿等炖汤，则需冷水下锅。

（6）煮咸肉时，用十几个钻有许多小孔的核桃同煮，可消除臭味。

（7）煮火腿之前，将火腿皮上涂些白糖，容易煮烂，味道更鲜美。

（8）煮猪肚时不能先放盐，而要等煮熟后吃时再放盐，否则猪肚会缩得象牛筋一样硬。

（9）猪肚煮熟后，切成长块，放在碗内加一些鲜汤再蒸一会儿，猪肚便会加厚一倍。

（10）肉类可以选用氽或"水滑"的方法加热断生，这样能减少外来油脂，从而降低整个菜肴的总热量。此外，水滑会使细嫩肉类的蛋白质更容易消化吸收。

（11）红烧牛肉时，加少许雪里蕻，肉味更鲜美。

（12）无论是在炖还是炒肉类菜肴，烹制前都可以榨取或挤压部分菠萝汁进行腌制。如果想保持菠萝的口感，可以在肉

八九成熟时将其放入。此外，如果感觉吃肉太油腻，可在吃肉后吃些菠萝，能开胃顺气、解油腻。

（13）在煮、炖的过程中，水溶性维生素和矿物质溶于汤汁内，如将肉块随汤一起食用，会减少营养损失。因此，在食用红烧、清炖及蒸、煮肉类食物时，应连汁带汤都吃掉。

（14）肉类菜肴要想更香、更有营养，首先就得保证肉的品质。识别鲜猪肉是否注水：取一块白纸粘在肉上，如纸很快被水湿透，就是注了水的；若不容易湿透，上沾有油迹，则表明未注水。此贴纸法还可用于牛、羊肉。

（15）烹饪较老的肉宜用"湿热法"，例如红烧、清炖、卤、煮、蒸等。较嫩的肉宜用"干热法"，例如烤、煎、炸、炒、熏。

（16）在烹煮之前，较老的肉应先拍打、切薄、搅碎来增加与热之接触面，而且肉经拍薄后，热穿透力快，可缩短烹调时间，有助于保持肉的嫩度。

（17）在加热之前，可于肉中加嫩精、淀粉或蛋液，使肉质滑润柔软。

（18）肉类来自不同的动物，鸡肉与牛肉的组织有很大不同，牛肉组织十分紧密，鸡肉的组织较为松散且较短，所以为了咀嚼方便，牛肉一般逆纹来切片，鸡肉则顺纹来切。同一种肉类的不同部位其组织亦不同，所以应依部位不同选用不同的烹调方式。

（19）怎样把握肉品烹饪的最佳时机？肉类并非一宰杀就烹饪味道最好、最鲜美，这是因为刚宰出的肉品在一定时间里，需要经过自身酵素的物理、化学作用，才能变得柔软、多汁、美味，而且容

易煮烂。一般情况下，牲畜宰杀后，夏季经2小时，冬季4小时，家禽宰杀后经6小时，就可以烹饪。另外，要使肉品营养价值最大化，最好在宰杀后的24小时左右开始烹饪。

（20）煮肉汤或排骨汤时，放入几块新鲜橘皮，不仅味道鲜美，还可减少油腻感。

（21）用铝盆解冻冻肉：把一个铝盆底朝上放在桌上，将冻肉放在铝盆的底上，接着把另一个铝盆底部朝下，轻轻地压在冻肉上。大约压5分钟，即可解冻。如果家中没有铝锅，可以用铝盖、铝盆代替。

（22）肉类宜在15～20℃的室温中自然解冻，除非急于烹饪，最好不要在水中解冻，以免造成营养物质流失。家禽肉一般可在水中解冻，但未去内脏的应在室温

下自然解冻，以免产生异味。

（23）用盐水或醋给冻肉解冻时，把冻肉先放在冰箱冷藏室1～2个小时，就能让冻肉变软。这是因为冷藏室的温度一般在0℃左右，可以软化冻肉。然后将肉放在盐水里彻底解冻，这是因为盐水可以加速冰的融化，而且不会孳生细菌。自来水不适宜解冻冻肉。此外，还可以用叉子蘸点醋叉入肉中，可以加快解冻速度。

（24）怎样使肉皮更可口？肉皮的营养价值高，含有磷、铁等人体不可缺少的矿物质类。多吃肉皮能补精益血、滋润肌肤、光泽头发、延缓衰老。

①油炸肉皮

肉皮晒干后，放锅里用菜油炸，炸到发黄时取出，风干，切成小块，加入少量盐，用水煮烧，蘸醋吃，味美可口。

②肉皮冻

将肉皮洗净切成小块，加入盐、酱油、花椒等调料用水煮熟，冷却后凝固即成。

③肉皮辣酱

肉皮煮熟后切成碎块，与黄豆、辣椒、酱油等一起烹炒即可。

④肉皮馅

肉皮煮熟剁碎，加入切碎的蔬菜、调料等，包饺子、馄饨，可与猪肉媲美。

关于水产，你不知道的烹调小窍门

水产的烹饪方法很多，既可蒸、煮、烩、烧、烤、炸，也可以做成各种造型和花色的菜肴。在制作的过程中掌握一些烹调的小窍门，能使菜品更加鲜美，快来试试吧。

「最佳烹调法」

高温加热：细菌大都怕高温，所以烹制水产时，一般用急火熘炒几分钟即可安全。螃蟹、贝类等有硬壳的，则必须加热彻底，一般需蒸、煮30分钟才可食用，加热温度至少100℃。

与醋、蒜同食：生蒜、食醋本身有着很好的杀菌作用，对于水产品中的一些残留的有害细菌也有一定的杀除作用。

「煎鱼的小窍门」

放油煎鱼之前，先用生姜在锅底抹上一层姜汁，倒油加热后再煎鱼，就能保持鱼体完整；在煎之前挂蛋糊，也能煎出鱼体完整、金黄的鱼。

「炖鱼的小窍门」

炖鱼时，加入一些啤酒，可以使鱼的脂肪分解，产生酯化反应，使鱼味更加鲜美。炖鱼时最好使用砂锅或者陶瓷锅，不要用铁锅，因为铁锅容易导致鱼肉出现腥味；不要用铝锅，因为容易产生有毒物质。

「蒸鱼的小窍门」

将水煮沸后再蒸鱼，这样鱼的外部组织会凝缩，保留了内部的鲜汁，鱼肉更鲜美。蒸鱼用大火，蒸的时间不要过长，鱼肉更鲜嫩。在鱼肉面切井字纹，鱼肉蒸熟后均匀美观，也便于夹取。

「冻鱼解冻的小窍门」

给冻鱼解冻时，可加一些牛奶，鱼的味道更鲜美。解冻冻鱼时，在凉水中加少许盐，鱼肉中蛋白遇盐会凝固，可防止鱼肉蛋白流失，同时还能加快化冻速度。

「让蒸蟹保持完整的小窍门」

蒸蟹前，将一根牙签插入蟹嘴，即蟹吐泡沫的正中处，斜戳进去1厘米左右，再入锅蒸，蟹脚不会脱落。

PART 02 回味无穷的畜肉

　　选对食材，科学对待饮食，吃肉也可以变成一种健康的方式。即使是减肥期，只要食用方法正确，多吃瘦肉、骨头类，少吃肥肉，便可轻松补充蛋白质、维生素、矿物质，而不用担心营养不均衡或引起肥胖等症状。一起来瞧瞧让我们回味无穷的畜肉吧！

猪肉

猪肉是目前人们餐桌上最重要的动物性食品之一。猪肉纤维较为细软，结缔组织较少，肌肉组织中含有较多的肌间脂肪，因此，经过烹调加工后味道特别鲜美。猪肉含有丰富的蛋白质及脂肪、糖类、钙、磷、铁等成分。中医认为，猪肉性平味甘，有润肠胃、生津液、补肾气、解热毒等功效。

扫一扫看视频

干煸芹菜肉丝

⏱ 2分30秒　　益气补血

原料： 猪里脊肉220克，芹菜50克，干辣椒8克，青椒20克，红小米椒10克，葱段、姜片、蒜末各少许

调料： 豆瓣酱12克，鸡粉、胡椒粉各少许，生抽、花椒油、食用油各适量

做法

1 将洗净的青椒、红小米椒切丝；洗净的芹菜切段；洗好的猪里脊肉切细丝。

2 锅注油烧热，倒入肉丝煸干水汽，盛出。

3 用油起锅，放入干辣椒，炸出香味，盛出，倒入葱段、姜片、蒜末爆香，加入豆瓣酱、肉丝、红小米椒炒香。

4 倒入芹菜段、青椒丝炒至断生，转小火，加入生抽、鸡粉、胡椒粉、花椒油，炒至入味，盛出，装入盘中即成。

莲花酱肉丝

⏱ 6分钟　　🫧 增强免疫力

扫一扫看视频

原料： 肉丝250克，豆皮30克，胡萝卜丝50克，蛋清15克，葱花10克，黄瓜丝50克

调料： 盐2克，水淀粉4毫升，料酒5毫升，白糖3克，鸡粉2克，甜面酱10克，食用油适量

做法

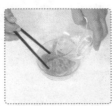

1 肉丝装入碗中，放入盐、蛋清、水淀粉、料酒，搅匀腌渍5分钟至入味。

2 锅注油烧热，倒肉丝炒转色，放甜面酱、水、白糖、鸡粉、水淀粉搅匀，盛出。

3 取一碗，放入豆皮、开水，浸泡去除豆腥味，捞出豆皮，铺在砧板上。

4 放上黄瓜、胡萝卜，卷成卷，切成段，摆盘，倒入肉丝，撒上葱花即可食用。

扫一扫看视频

白菜粉丝炒五花肉

3分钟　益气补血

原料： 白菜160克，五花肉150克，水发粉丝240克，蒜末、葱段各少许

调料： 盐2克，鸡粉2克，生抽5毫升，老抽2毫升，料酒3毫升，胡椒粉、食用油各适量

做法

1 将洗好的粉丝切成段；洗净的白菜去根，切成段；洗好的五花肉切成片。

2 用油起锅，倒入五花肉炒至变色，加入老抽，炒匀上色。

3 放入蒜末、葱段炒香，倒入白菜炒至变软，放入粉丝炒匀。

4 加入盐、鸡粉、生抽、料酒，撒上胡椒粉，炒匀调味，盛出炒好的菜肴即可。

扫一扫看视频

辣子肉丁

🕐 2分钟　🫘 降低血压

原料： 猪瘦肉250克，莴笋200克，红椒30克，花生米80克，干辣椒20克，姜片、蒜末、葱段各少许

调料： 盐、鸡粉各少许，料酒10毫升，水淀粉5毫升，辣椒油5毫升，食粉、食用油各适量

做法

1 洗净去皮的莴笋切丁；红椒洗净切段；猪肉洗净切丁，放食粉、盐、鸡粉、水淀粉、油腌渍；沸水锅中加盐、油、莴笋，焯水捞出。

2 再倒入花生米焯水捞出，入油锅炸香捞出。

3 油锅中倒入瘦肉，滑油至变色，捞出。

4 锅底留油，放入姜片、蒜末、葱段、红椒、干辣椒、莴笋、瘦肉、辣椒油、盐、鸡粉、料酒、水淀粉、花生米炒片刻即可。

扫一扫看视频

红烧肉卤蛋

🕐 38分钟　🫘 增强免疫力

原料： 五花肉500克，鸡蛋2个，八角、桂皮、姜片、葱段各少许

调料： 盐3克，鸡粉、白糖各少许，老抽2毫升，料酒3毫升，生抽4毫升，食用油适量

做法

1 锅中注水烧开，放入五花肉，汆去血渍，捞出，放凉后切块。

2 锅注水烧开，放入鸡蛋，烧开后用中火煮约6分钟，捞出，去除蛋壳。

3 用油起锅，倒入八角、桂皮、姜片、葱白炒匀，倒入切好的肉块，炒香，淋入料酒、生抽、老抽炒匀，注水煮沸，放入鸡蛋，加入盐、白糖。

4 转小火焖约30分钟，加入鸡粉，大火熬汁，撒上葱叶炒出香味即可。

酱香菇肉

⏱ 6分钟　🍄 防癌抗癌

原料： 五花肉300克，鲜香菇100克，西蓝花150克，蒜末少许，甜面酱15克

调料： 盐3克，鸡粉、白糖各少许，生抽3毫升，料酒4毫升，食用油适量

做法

1 洗净的五花肉切薄片；水烧开，倒入西蓝花、盐、油拌匀，煮约1分钟，捞出。

2 沸水锅中再倒入洗净的香菇拌匀，焯约1分30秒，捞出。

3 用油起锅，放入肉片煎出香味，淋入料酒、生抽，加入盐炒入味，盛出。

4 油烧热，放蒜末、甜面酱、水、香菇、白糖、鸡粉拌匀，中火焖约3分钟。

烹饪小提示

做此菜可以将肉片尽量切薄一些，不仅能快速熟透入味，还能避免煎煳。

5 取一盘，放入煎熟的肉片，摆上西蓝花，盛入焖熟的香菇，摆好盘即可。

青椒豆豉盐煎肉

⏱ 17分钟　☁ 保肝护肾

扫一扫看视频

原料： 五花肉300克，青椒25克，红椒10克，豆豉、姜片、蒜末、葱段各少许
调料： 辣椒酱12克，老抽2毫升，料酒4毫升，生抽5毫升，食用油适量

做法

1 水烧开，放入五花肉，用中火煮约15分钟，至其熟软，捞出，放凉待用。

2 将洗净的青椒、红椒切圈；放凉的五花肉切成薄片，备用。

3 用油起锅，倒入肉片炒至出油，倒入老抽、生抽、豆豉、姜片、蒜末、葱段，翻炒均匀。

4 加入料酒、青椒、红椒、辣椒酱炒至食材入味，盛出装入盘中即成。

酱香回锅肉

⏱ 35分钟　🍲 增强免疫力

扫一扫看视频

原料： 五花肉350克，青椒片、红椒片各20克，洋葱片35克，蒜片、姜片各少许，甜面酱25克

调料： 盐3克，鸡粉、白糖各2克，料酒、食用油各适量

做法

1 水烧热，放入五花肉、姜片、盐、料酒拌匀，大火烧开转小火煮约30分钟至熟，捞出五花肉。

2 将五花肉放凉后切成片，待用。

3 用油起锅，大火烧热，放入五花肉炒匀，加入蒜片炒匀，倒入甜面酱炒匀。

4 注入清水，放入青椒、红椒、洋葱炒匀，加入白糖、鸡粉翻炒约2分钟至入味，盛出即可。

扫一扫看视频

酱爆肉丁

🕐 2分钟　🍚 开胃消食

原料：里脊肉250克，黄瓜100克，葱段5克，蒜末10克

调料：甜面酱15克，生粉10克，白糖2克，鸡粉2克，料酒5毫升，食用油适量

做法

1 洗净的黄瓜切成丁；里脊肉切丁，加入料酒、生粉、水、食用油，腌渍5分钟。

2 热锅注油烧热，倒入肉丁，翻炒至转色，盛出，装入碗中待用。

3 锅底留油，倒入蒜末、甜面酱爆香，倒入黄瓜、清水、肉丁，翻炒匀。

4 加入少许白糖、鸡粉翻炒片刻，倒入葱段炒入味，盛出即可。

扫一扫看视频

椒香肉片

🕐 2分30秒　🍚 美容养颜

原料：猪瘦肉200克，白菜150克，红椒15克，桂皮、花椒、八角、干辣椒、姜片、葱段、蒜末各少许

调料：生抽4毫升，豆瓣酱10克，鸡粉4克，盐3克，陈醋7毫升，水淀粉8毫升，食用油适量

做法

1 红椒、白菜均洗净切段；瘦肉切片，加盐、鸡粉、水淀粉、食用油腌渍。

2 锅注油烧热，倒入肉片搅散，滑油半分钟至肉片变色，捞出，沥干油。

3 锅留油，爆香葱段、蒜末、姜片，撒入红椒、桂皮、花椒、八角、干辣椒、白菜、水炒匀，放入肉片炒匀。

4 淋入生抽，加入豆瓣酱、鸡粉、盐、陈醋炒匀，倒入水淀粉勾芡即可。

扫一扫看视频

🕐 8分钟

开胃消食

红烧狮子头

原料： 上海青80克，马蹄肉60克，鸡蛋1个，五花肉末200克，葱花、姜末各少许

调料： 盐2克，鸡粉3克，蚝油、生抽、生粉、水淀粉、料酒、食用油各适量

做法

1 将洗净的上海青切成瓣；洗好的马蹄肉切成末。

2 肉末装碗，放入姜末、葱花、马蹄肉末、鸡蛋、盐、鸡粉、料酒、生粉，拌匀，待用。

3 锅中注水烧开，加入盐、上海青，焯煮至断生，捞出上海青，装碗备用。

4 油烧热，把材料揉成肉丸，放入锅中，用小火炸4分钟至其呈金黄色，捞出。

5 锅底留油，注水，加入盐、鸡粉、蚝油、生抽、肉丸，略煮后捞出，装碗。

6 锅内倒入水淀粉，拌匀，盛出汁液，倒入碗中即可。

广东肉

⏱ 3分钟　🍖 增强免疫力

扫一扫看视频

原料： 五花肉500克，大葱15克，姜片少许
调料： 五香粉5克，盐3克，料酒8毫升，生抽5毫升，生粉8克，脆炸粉10克，食用油适量

做法

1 洗净的五花肉切成厚片；洗好的大葱切成均匀的小段。

2 五花肉加料酒、生抽、盐、姜片、葱段、五香粉拌匀，腌渍至入味。

3 在生粉中加入脆炸粉，注入适量清水，搅匀，备用。

4 油烧热，将五花肉裹上调好的生粉，放入锅中炸至金黄色，捞出即可。

扫一扫看视频

肉酱蒸茄子

🕐 20分钟　🧠 增强记忆力

原料： 茄子175克，肉末80克，黄豆酱15克，姜末、蒜末各适量，葱花、彩椒粒各少许

调料： 盐2克，鸡粉2克，料酒3毫升，生粉、食用油各适量

做法

1 洗净的茄子打上花刀；用油起锅，倒入肉末炒至变色，放入蒜末、姜末、葱花，爆香。

2 倒入黄豆酱炒匀，加入盐、鸡粉、料酒炒匀调味，制成馅料，盛出。

3 取来茄子，将适量的生粉、馅料依次填入到茄子里，放在蒸盘中，待用。

4 蒸锅烧开，放入蒸盘，中火蒸20分钟至其熟透，取出，撒上彩椒粒即可。

扫一扫看视频

肉末胡萝卜炒青豆

🕐 2分钟　🫘 增强免疫力

原料： 肉末90克，青豆90克，胡萝卜100克，姜末、蒜末、葱末各少许

调料： 盐3克，鸡粉少许，生抽4毫升，水淀粉、食用油各适量

做法

1 洗净的胡萝卜切成粒。

2 水烧开，加入1克盐、胡萝卜、青豆、食用油，煮约1分30秒，捞出。

3 用油起锅，倒入肉末炒松散，倒入姜末、蒜末、葱末炒透，淋入生抽炒片刻，倒入焯煮过的食材，用中火翻炒匀。

4 转小火，调入2克盐、鸡粉，翻炒片刻至全部食材熟透，淋入少许水淀粉，用中火炒匀即成。

扫一扫看视频

西红柿肉盏

🕐 4分钟　🫘 开胃消食

原料： 西红柿140克，肉末120克，蛋液40克，口蘑、葱段各少许

调料： 盐2克，鸡粉2克，料酒3毫升，生抽3毫升，食用油适量

做法

1 洗净的口蘑切粒状；洗好的葱段切成末；洗净的西红柿切开，掏出中间的果肉，制成西红柿盅，将果肉切碎。

2 用油起锅，倒入口蘑、葱段爆香，倒入蛋液炒散，加入肉末炒至变色，放入果肉、料酒、盐、鸡粉、生抽，炒香，盛出即成馅料。

3 取西红柿盅，盛入馅料制成西红柿肉盏。

4 蒸锅上火烧开，放入西红柿肉盏，用中火蒸约3分钟至熟，取出即可。

酸辣肉片

⏱ 62分钟　🥘 增强免疫力

原料： 猪瘦肉270克，水发花生米125克，青椒25克，红椒30克，桂皮、丁香、八角、香叶、沙姜、草果、姜块、葱条各少许

调料： 料酒6毫升，生抽12毫升，老抽5毫升，盐、鸡粉、陈醋、芝麻油、食用油各适量

做法

1 水烧热，倒入姜块、葱条、桂皮、丁香、八角、香叶、沙姜、草果、猪瘦肉。

2 加入料酒、生抽、老抽、盐、鸡粉，烧开后用小火煮约40分钟至熟，捞出。

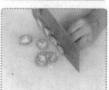

3 油烧热，倒入花生米，小火炸约2分钟；洗好的红椒、青椒切圈；瘦肉切厚片。

4 碗中倒入陈醋、盐、鸡粉、芝麻油、红椒、青椒拌匀，腌渍约15分钟。

烹饪小提示

炸花生米时要不断翻动，以使其均匀受热，避免炸糊。

5 将肉片装入碗中，摆放好，加入炸熟的花生米，淋上做好的味汁即可。

红汤猪肉丸

⏱ 12分钟　🍲 开胃消食

原料： 猪肉末200克，西红柿60克，姜末少许

调料： 盐2克，鸡粉3克，料酒、水淀粉各适量

做法

1 洗好的西红柿去皮，再切成小瓣。

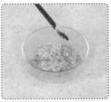

2 取一个碗，倒入猪肉末，加入1克盐、鸡粉、料酒、水淀粉、姜末拌匀，制成肉馅。

3 水烧开，用手将肉馅挤成肉丸放入锅中，倒入西红柿拌匀，煮8分钟至食材熟透。

4 加入1克盐，拌匀调味，盛出煮好的食材，装入碗中即可。

火腿

火腿由猪的腿肉腌制而成，是一种流行很广的肉制品，几乎各国都有生产和销售。火腿含丰富的维生素A、叶酸、钠、钾、磷、镁等营养成分。火腿制作经冬历夏，经过发酵、分解，各种营养成分容易被人体所吸收，具有养胃生津、益肾壮阳、固骨髓、健足力、愈创口等作用。

扫一扫看视频

蒜泥三丝

⏱ 6分钟　　益气补血

原料： 火腿120克，水发腐竹80克，红椒20克，香菜15克，蒜末少许
调料： 盐2克，鸡粉2克，生抽4毫升，芝麻油8毫升，食用油适量

做法

1 将洗好的红椒切细丝；洗净的腐竹切粗丝；将火腿切片，再切粗条。

2 锅中注入清水烧开，加入食用油、腐竹、红椒拌匀，煮至断生，捞出。

3 取一碗，倒入腐竹、红椒、盐拌匀，腌渍约5分钟。

4 放入香菜、火腿，撒上蒜末，加入鸡粉、生抽、芝麻油拌匀，至食材入味即成。

扫一扫看视频

香菇烧火腿

🕐 1分30秒　　☁ 开胃消食

原料： 鲜香菇65克，火腿90克，姜片、蒜末、葱段各少许

调料： 料酒5毫升，生抽3毫升，盐、鸡粉、水淀粉、食用油各适量

做法

1 洗好的香菇用斜刀切片，待用；洗净的火腿切菱形片，待用。

2 水烧开，加入盐、鸡粉、香菇煮约半分钟，捞出；起油锅烧热，倒入火腿片炸半分钟，捞出。

3 锅底留油，倒入姜片、蒜末、葱白爆香，放入香菇、料酒、火腿片、生抽、盐、鸡粉、清水炒至入味。

4 淋入水淀粉，撒上葱叶快速翻炒匀即可。

扫一扫看视频

烫三丝

🕐 4分钟　　☁ 补钙

原料： 海米15克，生姜10克，扬州白豆干100克，金华火腿15克，香菜少许

调料： 盐、鸡粉、白糖、胡椒粉各2克，芝麻油5毫升，虾子酱、食用油各适量

做法

1 洗好的生姜切成丝；扬州白豆干切细丝；金华火腿切成丝。

2 用油起锅，放入虾子酱、清水，拌匀，加入盐、鸡粉、胡椒粉、芝麻油、白糖，拌匀，装入碗中待用。

3 另起锅，注水烧开，放入豆干，烫1分钟至其断生，捞出，装入碗中，放入火腿，加入姜丝、香菜。

4 锅中倒入煮好的汤汁，放入海米，煮1分钟至其熟软，盛出海米汤，装入碗中即可。

腊味

腊味分为腊肉、腊肠等。腊肉是腌肉的一种，已有几千年的历史，由于其通常是在农历的腊月腌制，故称作"腊肉"。腊肠则是由肉类灌装成肠，再风干制成，也有着很悠久的历史，过年吃自制的香肠已经成为南方很多地区的习俗。腊味富含矿物质、蛋白质、脂肪等，细品芳香浓郁，可开胃祛寒，增进食欲。

扫一扫看视频

腊味蒸茄子

🕐 *16分37秒*　　🍲 *增强免疫力*

原料： 茄子100克，腊肠80克，蒜末、葱花各少许
调料： 盐2克，白糖3克，鸡粉2克，蚝油5毫升，生抽3毫升，水淀粉5毫升，食用油适量

做法

1 将洗净的茄子去皮，切成双飞片；腊肠切成片，插入茄子刀口里，制成生坯，装盘。

2 蒸锅加水烧开，放入腊味茄子生坯，盖上锅盖，用大火蒸15分钟，取出。

3 用油起锅，放入蒜末，加入蚝油、生抽，炒香，倒入清水，放盐、白糖、鸡粉拌匀，大火煮沸，加水淀粉勾芡，制成味汁。

4 取一盘子，放入蒸好的茄子，浇上适量味汁，再撒上少许葱花即可。

熏腊肉炒杏鲍菇

⏱ 2分10秒　🫀 降低血脂

扫一扫看视频

原料： 腊肉100克，杏鲍菇120克，姜片、蒜末、葱段各少许
调料： 盐3克，蚝油5毫升，鸡粉2克，胡椒粉、水淀粉、食用油各适量

做法

1 将腊肉切成片；洗净的杏鲍菇切成片。

2 锅中注水烧开，放入杏鲍菇、1克盐，焯煮约半分钟至断生，捞出待用。

3 用油起锅，放入腊肉炒香，加入姜片、蒜末炒匀，放入蚝油、杏鲍菇炒匀。

4 放2克盐、鸡粉、胡椒粉炒匀调味，放入葱段，加水淀粉勾芡，盛出即可。

扫一扫看视频

柚子蒸南瓜腊肉

⏱ 21分钟　　降低血脂

原料： 腊肉400克，南瓜200克，柚子皮100克，生姜5克，葱、彩椒各少许

做法

1 洗净的生姜、彩椒、葱切丝；处理好的柚子皮横切去白色部分，切成丝。

2 洗好去皮的南瓜切成片；洗净的腊肉切成厚片。

3 取一个盘子，放入切好的柚子皮、腊肉、南瓜、姜丝、彩椒、葱丝，待用。

4 蒸锅注水烧开，放上摆好的材料，盖上盖，用大火蒸20分钟至食材熟软即可。

扫一扫看视频

扫一扫看视频

豆皮香肠卷

🕐 15分钟　　☁️ 增强免疫力

原料： 豆皮125克，腊肠90克，上海青40克
调料： 鸡粉2克，盐2克，生抽3毫升，生粉、水淀粉、食用油各适量

做法

1. 洗净的上海青去除根部和老叶，对半切开；腊肠切段；豆皮划成条形，铺开，撒上生粉，放上腊肠，卷成卷儿，用水淀粉封好口，制成生坯。

2. 蒸锅烧开，将生坯放入蒸盘，用中火蒸5分钟，取出；水烧开，加入油、上海青煮半分钟，装入盘中。

3. 用油起锅，注入清水，加入鸡粉、盐、生抽、水淀粉，制成稠汁。

4. 取出蒸熟的腊肠卷，摆上焯好的上海青，浇上稠汁即可。

西葫芦炒腊肠

🕐 2分35秒　　☁️ 清热解毒

原料： 西葫芦230克，腊肠85克，姜片、葱段各少许
调料： 盐2克，鸡粉2克，水淀粉5毫升，水淀粉4毫升，食用油适量

做法

1. 将洗净的西葫芦去皮，对半切开，斜刀切段，改切成片；把腊肠切成片。

2. 用油起锅，倒入姜片、葱段爆香，放入腊肠，翻炒出香味，加入西葫芦，炒匀。

3. 放盐、鸡粉炒匀，加少许清水，翻炒至西葫芦熟软，放入水淀粉勾芡。

4. 将炒好的菜肴盛出装盘即可。

洋葱腊肠炒蛋

⏱ 2分钟　🍽 开胃消食

原料： 洋葱55克，腊肠85克，蛋液120毫升

调料： 盐2克，水淀粉、食用油各适量

做法

1 将洗净的腊肠切开，改切成小段，待用；洗好的洋葱切开，再切小块，待用。

2 把蛋液装入碗中，加入盐、水淀粉快速搅拌一会儿，调成蛋液，待用。

3 用油起锅，倒入切好的腊肠，炒出香味，放入洋葱块，用大火快炒至变软。

4 倒入调好的蛋液，铺开，呈饼型，再炒散，至食材熟透。

5 关火后盛出菜肴，装入盘中即成。

烹饪小提示

翻炒鸡蛋时宜用中火，这样菜肴的口感会更嫩滑。

萝卜干炒腊肠

⏱ 1分30秒　🧠 开胃消食

原料： 萝卜干70克，腊肠180克，蒜薹30克，葱花少许

调料： 盐2克，豆瓣酱、料酒、鸡粉、食用油各适量

做法

1 把洗净的蒜薹切成段；洗好的萝卜干切小段；将腊肠用斜刀切成片。

2 水烧热，倒入蒜薹、萝卜干煮约半分钟，至其断生，捞出。

3 用油起锅，倒入腊肠炒至出油，放入蒜薹、萝卜干炒匀。

4 加入豆瓣酱、料酒、鸡粉、盐，翻炒至食材入味，盛出，撒上葱花即可。

培根

培根的原意是烟熏肋条肉或烟熏咸背脊肉，是西式肉制品三大主要品种之一，其风味除带有适口的咸味之外，还具有浓郁的烟熏香味。培根中磷、钾、钠的含量丰富，还含有脂肪、胆固醇、糖类等元素，具有健脾、开胃、祛寒、消食等功效。

藕片荷兰豆炒培根

⏱ 2分30秒　　清热解毒

原料： 莲藕200克，荷兰豆120克，彩椒15克，培根50克

调料： 盐3克，白糖、鸡粉各少许，料酒3毫升，水淀粉、食用油各适量

做法

1 将去皮洗净的莲藕切薄片；将培根切小片；洗净的彩椒切条形，待用。

2 水烧开，倒入培根片拌匀，略煮去盐分，捞出，再倒入藕片、荷兰豆、1克盐、食用油拌匀，倒入彩椒，煮至材料断生，捞出。

3 用油起锅，倒入培根炒匀，淋入料酒炒出香味，放入焯过水的材料炒透。

4 加入2克盐、白糖、鸡粉炒匀，倒入适量水淀粉用中火炒至食材入味即成。

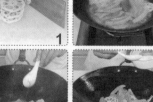

培根苹果卷

⏱ 5分钟　🧠 增强免疫力

扫一扫看视频

原料： 苹果140克，培根100克，黄油10克
调料： 盐1克，白糖3克，白醋15毫升，水淀粉适量

做法

1 洗净去皮的苹果去核，切成条形；培根对半切开。

2 将培根铺开，放上苹果条，淋入水淀粉，卷成卷儿，用牙签固定住。

3 煎锅放入黄油，加热至溶化，放入苹果卷，煎约3分钟，盛出，取出牙签。

4 煎锅注水，放入白糖、白醋、盐、水淀粉拌匀，调成味汁，浇在苹果卷上即成。

排骨

排骨指猪剔肉后剩下的肋骨和脊椎骨，上面还附有少量肉类，可以食用，有多种烹饪方式。其滋味鲜香，营养丰富，是最受大众喜爱的美食之一。排骨除含蛋白质、脂肪、维生素外，还含有大量磷酸钙、骨胶原、骨粘连蛋白等营养物质，具有滋阴润燥、益精补血的功效，适宜于气血不足者，还可保持骨骼健康，使人精力充沛。

扫一扫看视频

干煸麻辣排骨

⏱ 1分30秒　　🫘 补钙

原料： 排骨500克，黄瓜200克，朝天椒、辣椒粉、花椒粉、蒜末、葱花各少许

调料： 盐、鸡粉各少许，生抽5毫升，生粉15克，料酒15毫升，辣椒油4毫升，花椒油2毫升，食用油适量

做法

1　洗净的黄瓜切成丁；洗好的朝天椒切碎。

2　排骨装入碗中，淋入生抽，加入盐、鸡粉、料酒、生粉，用手抓匀。

3　油烧热，放入排骨搅散，炸至排骨呈金黄色，捞出，沥干油。

4　锅底留油，倒入蒜末、花椒粉、辣椒粉爆香，放入朝天椒、黄瓜炒均匀，倒入排骨、盐、鸡粉、料酒、辣椒油、花椒油、葱花炒均匀即可。

排骨酱焖藕

⏱ 39分钟　　🫘 增强免疫力

原料： 排骨段350克，莲藕200克，红椒片、青椒片、洋葱片各30克，姜片、八角、桂皮各少许

调料： 盐、鸡粉各2克，老抽、生抽各3毫升，料酒、水淀粉各4毫升，食用油适量

做法

1 将洗净去皮的莲藕切开，切成块，切成丁，待用。

2 锅中注入适量清水烧开，倒入排骨，大火煮沸，汆去血水，捞出，沥干水分。

3 用油起锅，放入八角、桂皮、姜片、排骨、料酒、生抽、水、莲藕、盐、老抽煮沸。

4 用小火焖35分钟，加入青椒、红椒和洋葱炒匀，放鸡粉，用水淀粉勾芡即可。

酸甜西红柿焖排骨

⏱ 8分钟　🍲 美容养颜

原料： 排骨段350克，西红柿120克，蒜末、葱花各少许

调料： 生抽4毫升，盐2克，鸡粉2克，料酒、番茄酱各少许，红糖、水淀粉、食用油各适量

扫一扫看视频

做法

1 水烧开，放入西红柿煮至表皮裂开，捞出，剥去表皮，切成小块。

3 用油起锅，倒入蒜末爆香，放入排骨、料酒、生抽、水、盐、鸡粉、红糖拌匀。

2 水烧开，倒入排骨段拌匀，煮约1分30秒，捞出。

4 放入西红柿、番茄酱，小火焖4分钟，倒入水淀粉煮半分钟，盛出装盘，撒葱花即可。

孜然卤香排骨

🕐 37分钟　🍖 益气补血

原料： 排骨段400克，青椒片20克，红椒片25克，姜块30克，蒜末15克，香叶、桂皮、八角、香菜末各少许

调料： 盐2克，鸡粉3克，孜然粉4克，料酒、生抽、老抽、食用油各适量

做法

1 锅中注入适量清水烧开，倒入排骨段，汆煮片刻，捞出，沥干水分，装入盘中备用。

2 起油锅，放入香叶、桂皮、八角、姜块炒匀，倒入排骨段炒匀，加入料酒、生抽、清水、老抽、盐拌匀，烧开后转小火煮约35分钟。

3 倒入青椒片、红椒片、鸡粉炒匀，放入孜然粉、蒜末、香菜末炒匀。

4 挑出香料及姜块，将炒好的菜肴装盘即可。

红薯蒸排骨

🕐 58分钟　🍖 防癌抗癌

原料： 排骨段300克，红薯120克，水发香菇20克，葱段、姜片、枸杞各少许

调料： 盐、鸡粉各2克，胡椒粉少许，老抽2毫升，料酒3毫升，生抽5毫升，花椒油适量

做法

1 将去皮洗净的红薯切开，再切小块。

2 取大碗，倒入排骨段、姜片、葱段、枸杞、盐、鸡粉、料酒、生抽、老抽、胡椒粉、花椒油拌匀，腌渍约20分钟。

3 另取一碗，放入碗中的姜片、葱段和枸杞，摆上香菇、排骨段、红薯块，码放整齐。

4 蒸锅上火烧开，放入蒸碗，盖上盖，用大火蒸约35分钟，取出，倒扣在盘中，再取下蒸碗，摆好盘即可。

扫一扫看视频

🕐 57分钟

🥘 补钙

小米洋葱蒸排骨

原料： 水发小米200克，排骨段300克，洋葱丝35克，姜丝少许

调料： 盐3克，白糖、老抽各少许，生抽3毫升，料酒6毫升

烹饪小提示

腌渍材料的时间可稍微长一些，这样菜肴的口感更好。

做法

1 把洗净的排骨段装碗中，放入洋葱丝，撒上姜丝搅拌匀。

2 加入盐、白糖、料酒、生抽、老抽拌匀，倒入小米搅拌一会儿。

3 再把拌好的材料转入蒸碗中，腌渍约20分钟，待用。

4 蒸锅上火烧开，放入蒸碗。

5 盖上盖，用大火蒸约35分钟，至全部食材熟透。

6 关火后揭盖，取出蒸好的菜肴，稍微冷却后食用即可。

胡萝卜板栗排骨汤 ⏱ 57分钟 🌥 增强体质

原料： 排骨段300克，胡萝卜120克，板栗肉65克，姜片少许
调料： 料酒12毫升，盐2克，鸡粉2克，胡椒粉适量

做法

1 洗净去皮的胡萝卜切成小块。

2 锅中注水烧开，淋入6毫升料酒，放入排骨，汆去血水，捞出。

3 砂锅注水烧开，倒入排骨、姜片、板栗肉、6毫升料酒，用小火煮约30分钟。

4 倒入胡萝卜，续煮25分钟，加入盐、鸡粉、胡椒粉煮至食材入味即可。

猪蹄

猪蹄是指猪的脚部和小腿的部位，又称为猪肘子、元蹄。猪蹄因含有丰富的胶原蛋白，享有"美容食品"和"类似于熊掌的美味佳肴"的称誉。其还含较多的脂肪和碳水化合物，并含有维生素A、维生素E及钙、磷、铁等，具有补虚弱、填肾精等功效，对延缓衰老和促进儿童生长发育具有特殊的作用。

扫一扫看视频

南乳花生焖猪蹄

⏱ 65分钟　🍴 美容养颜

原料： 猪蹄半只，花生30克，南乳3块，海鲜酱2勺半，葱2段，姜3片，蒜2片
调料： 盐3克，白糖20克，食用油15毫升，酱油10毫升，白酒10毫升

做法

1 砂锅中注水烧开，倒入猪蹄，煮约3分钟至沸，汆去血水，捞出猪蹄。

2 取容器，倒入南乳、海鲜酱、白酒，调匀成南乳酱，备用。

3 用油起锅，倒入姜片、葱段、蒜片、猪蹄、白糖、南乳酱炒至入味，倒入酱油、盐、清水拌匀，盖上盖，大火煮2分钟，放花生，倒入砂锅中。

4 煮开之后转小火焖煮60分钟即可。

三杯卤猪蹄

⏱ 93分30秒　🫀 益气补血

原料： 猪蹄块300克，三杯酱汁120毫升，青椒圈25克，白酒7毫升，葱结、姜片、蒜头、八角、罗勒叶各少许

调料： 盐3克，食用油适量

做法

1 锅中注水烧开，放入猪蹄块，汆煮约2分钟，去除污渍，捞出猪蹄。

2 水烧热，倒入猪蹄、白酒、八角、部分姜片、葱结、盐，小火煮约60分钟，捞出猪蹄。

3 用油起锅，放入蒜头、余下的姜片、青椒圈爆香，放入三杯酱汁、猪蹄、水。

4 小火卤约30分钟，放入罗勒叶拌匀，煮至断生，装在盘中，摆放好即可。

橙香酱猪蹄

⏱ 64分钟　☁ 增高助长

原料： 猪蹄块350克，冰糖25克，黄豆酱30克，八角、桂皮、花椒、姜片、橙皮丝、大葱段、干辣椒各少许

调料： 盐2克，鸡粉3克，料酒、生抽、老抽、食用油各适量

做法

1 锅中注水烧开，倒入猪蹄块，氽煮片刻，捞出，沥干水分。

2 用油起锅，倒入八角、桂皮、花椒、姜片、大葱段、干辣椒、冰糖、猪蹄，翻炒均匀。

3 加入料酒、生抽、清水、黄豆酱、盐、老抽，小火煮约60分钟至熟。

4 倒入橙皮丝、鸡粉炒匀，大火翻炒约2分钟收汁，盛出装入盘中即可。

扫一扫看视频

香辣蹄花

🕐 62分钟　🍖 益气补血

原料： 猪蹄块270克，芹菜75克，红小米椒20克，枸杞、姜片、葱段各少许

调料： 盐3克，鸡粉少许，料酒3毫升，生抽4毫升，芝麻油、花椒油、辣椒油各适量

做法

1 芹菜洗净切段；红小米椒洗净切圈。

2 水烧开，倒入芹菜焯煮至断生，捞出，倒入猪蹄、料酒，氽约2分钟，捞出。

3 将红小米椒、盐、生抽、鸡粉、芝麻油、花椒油、辣椒油拌匀，制成味汁。

4 砂锅注水烧热，倒入猪蹄、姜片、葱段、枸杞，烧开后用小火煮约60分钟，捞出，置于凉开水中静置，装盘摆好，撒上芹菜段，浇上味汁即可。

扫一扫看视频

萝卜干蜜枣猪蹄汤

🕐 62分钟　🍖 保肝护肾

原料： 猪蹄块300克，萝卜干55克，蜜枣35克，姜片、葱段各少许

调料： 盐、鸡粉各少许，料酒7毫升

做法

1 锅中注水烧开，放入猪蹄块、料酒拌匀，氽煮一会儿，去除腥味，捞出。

2 砂锅中注水烧热，倒入猪蹄、姜片、葱段、蜜枣、萝卜干、料酒。

3 盖上盖，烧开后用小火煮约60分钟，至食材熟透。

4 揭盖，加入少许盐、鸡粉拌匀调味，煮至汤汁入味，装在汤碗中即成。

猪皮

猪皮指猪的皮肤，是一种蛋白质含量很高的肉制品原料。猪皮口感特别，含有丰富的蛋白质、糖类、维生素、矿物质等营养成分。其中蛋白质含量是猪肉的2.5倍，糖类的含量比猪肉高4倍，而脂肪含量却只有猪肉的1/2。中医认为，猪皮味甘性凉，有活血止血、补益精血、滋润肌肤、光泽头发的功效。

扫一扫看视频

黄豆花生焖猪皮

🕐 34分钟　　益气补血

原料： 水发黄豆120克，水发花生米90克，猪皮150克，姜片、葱段各少许
调料： 料酒4毫升，老抽2毫升，盐2克，鸡粉2克，水淀粉7毫升，食用油适量

做法

1 处理好的猪皮用斜刀切块，备用。

2 锅中注水烧开，倒入猪皮、料酒拌匀，汆去腥味，捞出。

3 用油起锅，放入姜片、葱段，大火爆香，放猪皮、料酒、老抽、水、黄豆、花生拌匀。

4 加入盐拌匀，烧开后用小火焖约30分钟，加入鸡粉拌匀，用水淀粉勾芡即可。

扫一扫看视频

冬笋豆腐干炒猪皮

🕐 2分30秒　☁ 清热解毒

原料： 熟猪皮120克，韭黄65克，冬笋90克，彩椒30克，圆椒30克，猪瘦肉60克，豆腐干150克，姜片少许

调料： 盐3克，鸡粉2克，白糖3克，生抽4毫升，料酒8毫升，水淀粉6毫升，食用油适量

做法

1 圆椒、彩椒切块；豆腐干切三角块；冬笋切片；韭黄切段；猪瘦肉切片；熟猪皮切块。

2 瘦肉加入1克盐、生抽、料酒、水淀粉腌渍；水烧热，倒入冬笋煮约5分钟，倒入豆腐干、盐、食用油、彩椒、圆椒略煮，捞出。

3 用油起锅，倒入姜片、猪皮、瘦肉、料酒炒匀，倒入焯过水的食材、韭黄炒至断生。

4 加入2克盐、白糖、鸡粉、水淀粉炒片刻即可。

扫一扫看视频

白果猪皮美肤汤

🕐 35分钟　☁ 美容养颜

原料： 白果12颗，甜杏仁10克，猪皮100克，八角少许，葱花、葱段、姜片、花椒各适量

调料： 料酒、芝麻油、盐各少许

做法

1 锅中注水烧开，倒入猪皮、八角、花椒拌匀，焯煮5分钟，捞出。

2 砂锅中注入适量清水，放入焯好的猪皮，加入甜杏仁、白果、姜片、葱段，拌匀。

3 用大火煮开，撇去浮沫，加入少许料酒拌匀，盖上盖，用小火煮30分钟至食材熟透。

4 揭盖，加入盐拌匀，盛出煮好的汤，装在碗中，淋入芝麻油，撒上葱花即可。

猪血

猪血即猪的血液，又称液体肉、血豆腐和血花等，是最理想的补血佳品。猪血富含蛋白质、维生素、铁、磷、钙等营养成分，有利于清肠通便、排毒养颜、益气补血、止血等，对营养不良、肾脏疾患、心血管疾病的病后调养多有益处。猪血还能较好地清除人体内的粉尘和有害金属微粒，通过排泄带出体外，堪称人体污物的"清道夫"。

扫一扫看视频

肉末尖椒烩猪血

🕐 6分钟　🫘 益气补血

原料： 猪血300克，青椒30克，红椒25克，肉末100克，姜片、葱花各少许
调料： 盐2克，鸡粉3克，白糖4克，生抽、陈醋、水淀粉、胡椒粉、食用油各适量

做法

1 洗净的红椒切成圈状；将洗好的青椒切块；处理好的猪血切成粗条。

2 锅注水烧开，倒入猪血、盐余煮片刻，捞出。

3 用油起锅，倒入肉末炒至转色，加入姜片、清水、青椒、红椒、猪血、盐、生抽、陈醋、鸡粉、白糖拌匀，炖3分钟至熟，撒上胡椒粉拌匀，炖约1分钟至入味，倒入水淀粉拌匀。

4 将菜肴盛出装入盘中，撒上少许葱花即可。

黄豆芽猪血汤

⏱ 16分钟　☁ 清热解毒

原料： 猪血270克，黄豆芽100克，姜丝、葱丝各少许
调料： 盐、鸡粉各2克，芝麻油、胡椒粉各适量

做法

1 将洗净的猪血切成小块，备用。

2 锅中注水烧热，倒入猪血、姜丝拌匀，盖上锅盖，用中小火煮10分钟。

3 揭开锅盖，加入盐、鸡粉，放入黄豆芽，拌匀，用小火煮2分钟至熟。

4 撒上胡椒粉，淋入芝麻油拌匀，盛出，放上葱丝即可。

猪耳

猪耳指猪的耳朵，其富含胶质，营养丰富，吃到嘴里是既脆又柔韧，味道鲜香不腻，令人回味无穷。猪耳含有蛋白质、脂肪、糖类、维生素及钙、磷、铁等。中医认为，食用猪耳可以补虚损、健脾胃，特别适宜身体瘦弱的人食用。

扫一扫看视频

酸豆角炒猪耳

🕑 2分钟　　🥣 开胃消食

原料： 卤猪耳200克，酸豆角150克，朝天椒10克，蒜末、葱段各少许

调料： 盐2克，鸡粉2克，生抽3毫升，老抽2毫升，水淀粉10毫升，食用油适量

做法

1 将酸豆角切长段；洗净的朝天椒切圈；卤猪耳切片。

2 锅中注水烧开，倒入酸豆角拌匀，煮1分钟，减轻其酸味，捞出酸豆角。

3 用油起锅，倒入猪耳炒匀，淋入生抽、老抽炒香炒透。

4 撒上蒜末、葱段、朝天椒炒出香辣味，放入酸豆角炒匀，加入盐、鸡粉炒匀调味，倒入水淀粉勾芡，盛出即可。

葱香猪耳朵

⏱ 2分30秒　　益气补血

原料： 卤猪耳丝150克，葱段25克，红椒片、姜片、蒜末各少许
调料： 盐2克，鸡粉2克，料酒3毫升，生抽4毫升，老抽3毫升，食用油适量

做法

1 用油起锅，倒入猪耳丝炒松散，淋入料酒炒香，放入生抽，翻炒均匀。

2 放入老抽炒匀上色，倒入红椒片、姜片、蒜末炒匀。

3 注入少许清水，炒至变软，撒上葱段炒出香味。

4 加入盐、鸡粉，炒匀调味，盛出炒好的菜肴即可。

猪肚

猪肚是猪的胃袋，而非猪的肚脐，在古代是宴客的高级食材，虽然近年来已经很普遍，但宴客时仍不失为一种佳品。猪肚含有蛋白质、脂肪、糖类、维生素及钙、磷、铁等成分。因猪肚含有蛋白质和消化食物的各种消化酶，胆固醇含量较少，故具有补中益气、消食化积的功效。

扫一扫看视频

爆炒猪肚

⏱ 2分钟　　🫃 降低血脂

原料： 熟猪肚300克，胡萝卜120克，青椒30克，姜片、葱段各少许
调料： 盐、鸡粉各2克，生抽、料酒、水淀粉各少许，食用油适量

做法

1 将熟猪肚、胡萝卜、青椒切成片。

2 锅中注水烧开，倒入猪肚拌匀，煮1分30秒，去除异味，捞出。

3 另起锅，注入适量清水烧开，倒入胡萝卜拌匀，放入青椒、食用油、盐拌匀，煮至食材断生，捞出。

4 用油起锅，倒入姜片、葱段爆香，放猪肚、料酒炒香，倒入胡萝卜、青椒、盐、鸡粉、生抽、水淀粉炒匀调味，盛出即可。

西葫芦炒肚片

⏱ 3分钟　　🐷 健脾止泻

原料： 熟猪肚170克，西葫芦260克，彩椒30克，姜片、蒜末、葱段各少许
调料： 盐2克，白糖2克，鸡粉2克，水淀粉5毫升，料酒3毫升，食用油适量

做法

1 将洗净的西葫芦切成片；洗好的彩椒切成块；熟猪肚用斜刀切片，待用。

2 用油起锅，倒入姜片、蒜末、葱段爆香，倒入猪肚炒匀。

3 淋入料酒炒匀，倒入彩椒炒香，放入西葫芦炒至变软。

4 加入盐、白糖、鸡粉、水淀粉炒匀入味，盛出即可。

卤猪肚

⏱ 63分钟　🐷 益气补血

原料： 猪肚450克，白胡椒20克，姜片、葱结各少许
调料： 盐2克，生抽4毫升，料酒、芝麻油、食用油各适量

做法

1 锅中注水烧开，放入猪肚，汆煮片刻，捞出，沥干水分。

2 水烧开，倒入猪肚、姜片、葱结、白胡椒、食用油、盐、生抽、料酒拌匀。

3 加盖，大火烧开后转小火卤60分钟，取出卤好的猪肚。

4 猪肚放凉后切粗丝，放入盘中摆好，浇上少许芝麻油即可。

扫一扫看视频

凉拌猪肚丝

🕐 2分钟　　🥘 增强免疫力

原料： 洋葱150克，黄瓜70克，猪肚300克，沙姜、草果、八角、桂皮、姜片、蒜末、葱花各少许

调料： 盐3克，鸡粉2克，生抽4毫升，白糖3克，芝麻油5毫升，辣椒油4毫升，胡椒粉2克，陈醋3毫升

做法

1 洗好的洋葱、黄瓜切成丝；洋葱煮至断生。

2 砂锅注水烧热，放入沙姜、草果、八角、桂皮、姜片、猪肚、盐、生抽，用小火卤约2小时，捞出猪肚放凉，再切丝。

3 取一碗，倒入猪肚丝、部分黄瓜丝、盐、白糖、鸡粉、生抽、芝麻油、辣椒油、胡椒粉、陈醋、蒜末拌入味。

4 取一盘，铺上剩余黄瓜丝，放入洋葱丝、拌好的材料、葱花即可。

扫一扫看视频

鹰嘴豆炖猪肚

🕐 65分钟　　🥘 开胃消食

原料： 鹰嘴豆160克，猪肚220克，青椒55克，姜片少许，高汤200毫升

调料： 盐、鸡粉各2克，胡椒粉少许，料酒适量

做法

1 洗净的青椒去子，再切菱形片；洗好的猪肚切块。

2 锅中注水烧开，淋入料酒，放入猪肚拌匀，煮约2分钟，捞出。

3 锅注入高汤，倒入鹰嘴豆、姜片、猪肚、清水、料酒拌匀，转小火焖煮约1小时。

4 放入青椒片拌匀，转中火煮约3分钟，加入盐、鸡粉、胡椒粉拌匀即成。

猪肝

猪肝即猪的肝脏。肝脏是动物体内储存养分和解毒的重要器官，含有丰富的营养物质，具有营养保健功能，是最理想的补血佳品之一。猪肝含蛋白质、脂肪、糖类、钙、磷、铁、锌、维生素B_1、维生素B_2等，能增强人体的免疫反应，抗氧化，防衰老，并能抑制肿瘤细胞的产生，也可以辅助治疗急性传染性肝炎。

扫一扫看视频

泡椒爆猪肝

2分钟　益气补血

原料： 猪肝200克，水发木耳80克，胡萝卜60克，青椒20克，泡椒15克，姜片、蒜末、葱段各少许

调料： 盐4克，鸡粉3克，料酒10毫升，豆瓣酱8克，水淀粉10毫升，食用油适量

做法

1 洗好的木耳、青椒切块；洗好去皮的胡萝卜切片；泡椒对半切开；猪肝切片，放2克盐、1克鸡粉、5毫升料酒、5毫升水淀粉拌匀，腌渍约10分钟。

2 水烧开，加1克盐、食用油、木耳、胡萝卜煮约半分钟，捞出。

3 用油起锅，放入姜片、葱段、蒜末爆香，倒入猪肝炒变色，淋入5毫升料酒，放入豆瓣酱、木耳、胡萝卜、青椒、泡椒快速炒匀。

4 加入5毫升水淀粉、1克盐、2克鸡粉，炒匀即可。

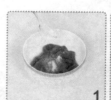

小炒肝尖

🕐 1分30秒　　☁ 益气补血

原料： 猪肝220克，蒜薹120克，红椒20克
调料： 盐3克，鸡粉2克，豆瓣酱7克，料酒8毫升，生粉、食用油各适量

扫一扫看视频

做法

1 将洗净的蒜薹切长段；洗好的红椒去子，切小块；洗净的猪肝切薄片。

2 猪肝加入1克盐、鸡粉、料酒、生粉裹匀，腌渍约10分钟。

3 水烧开，加食用油、1克盐、蒜薹、红椒焯煮约半分钟，捞出。

4 用油起锅，放猪肝、料酒、豆瓣酱、焯过水的食材、1克盐、鸡粉炒片刻即成。

扫一扫看视频

芦笋炒猪肝

⏱ 3分钟　🫘 增强免疫力

原料： 猪肝350克，芦笋120克，红椒20克，姜丝少许

调料： 盐少许，鸡粉2克，生抽4毫升，料酒4毫升，水淀粉、食用油各适量

做法

1 将洗净的芦笋切成长段；洗好的红椒去籽，切成块；猪肝切成片。

2 猪肝加入盐、料酒、水淀粉拌匀，倒入少许食用油，腌渍10分钟。

3 水烧开，倒入芦笋，加入盐、食用油，煮至断生，放入红椒，捞出。

4 另起锅，注油烧热，倒入腌好的猪肝拌匀，捞出。

烹饪小提示

猪肝可先用水泡半小时，这样炒熟后就不会发黑。

5 锅留油，倒入姜丝、焯过水的食材、猪肝、盐、生抽、鸡粉、水淀粉炒匀即可。

菠菜炒猪肝

⏱ 2分30秒　　🍲 增强免疫力

扫一扫看视频

原料： 菠菜200克，猪肝180克，红椒10克，姜片、蒜末、葱段各少许
调料： 盐、鸡粉、料酒、水淀粉、食用油各适量

做法

1 将洗净的菠菜切段；洗好的红椒切块；洗净的猪肝切成片。

2 猪肝放盐、鸡粉、料酒、水淀粉抓匀，注入适量食用油，腌渍10分钟至入味。

3 用油起锅，放入姜片、蒜末、葱段爆香，放入红椒、猪肝、料酒炒匀。

4 放入菠菜，炒至熟软，加入盐、鸡粉、水淀粉拌炒均匀，装盘即可。

猪肠

猪肠是猪用于输送和消化食物的器官，有很强的韧性，且不像猪肚那样厚，还有适量的脂肪。根据猪肠的功能可分为大肠、小肠和肠头，它们的脂肪含量是不同的，小肠最瘦，肠头最肥。猪肠含有蛋白质、维生素A、钠、磷、钾、硒、钙、镁、脂肪等营养成分，有润燥补虚、止渴止血、润肠、止小便数、去下焦风热的作用。

扫一扫看视频

干煸肥肠

⏱ 3分钟　　☁ 润燥补虚

原料： 熟肥肠200克，洋葱70克，干辣椒7克，花椒6克，蒜末、葱花各少许

调料： 鸡粉2克，盐2克，辣椒油适量，生抽4毫升，食用油适量

做法

1 将洗净的洋葱切成小块，待用；肥肠切成段，待用。

2 锅中注油烧热，倒入洋葱块拌匀，捞出，沥干油，待用。

3 锅底留油烧热，放入蒜末、干辣椒、花椒爆香，倒入肥肠、生抽炒匀。

4 放入洋葱块，加入鸡粉、盐、辣椒油拌匀，撒上葱花炒出香味，盛出即可。

扫一扫看视频

焦炸肥肠

⏱ 1分30秒　🍖 增强免疫力

原料： 熟猪大肠80克，鸡蛋1个，花椒、姜片、蒜末、葱花各少许

调料： 盐3克，鸡粉3克，料酒10毫升，生抽5毫升，陈醋8毫升，孜然粉2克，生粉、食用油各适量

做法

1 卤好的猪大肠切段；猪大肠放入蛋黄、生粉拌匀。

2 锅注油烧热，放入猪大肠搅拌均匀，炸至金黄色，捞出，沥干油，备用。

3 用油起锅，放入姜片、蒜末、花椒炒香，倒入猪肠、料酒、生抽，炒匀去腥。

4 淋入陈醋炒匀，放入盐、鸡粉、孜然粉炒匀，放入葱花炒匀，盛出即可。

扫一扫看视频

土豆南瓜烧肥肠

⏱ 33分钟　🍖 美容养颜

原料： 猪肠200克，土豆260克，南瓜120克，姜片、葱段各少许

调料： 盐、白糖各2克，生抽、老抽各2毫升，料酒少许，食用油适量

做法

1 水烧开，倒入猪肠、料酒，用中火煮约30分钟，捞出猪肠，放凉。

2 洗净去皮的南瓜、土豆切成滚刀块；放凉的肥肠切成小段，备用。

3 用油起锅，倒入姜片、葱段爆香，放入肥肠、料酒、老抽炒匀，注水煮沸，用中火焖约10分钟。

4 加入盐、白糖、生抽、土豆、南瓜，用小火续煮约20分钟，用大火收汁，盛出即可。

牛肉

牛肉是全世界人都爱吃的食品，中国人常消费的肉类食品之一，地位仅次于猪肉。牛肉蛋白质含量高，而脂肪含量低，所以味道鲜美，受人喜爱，享有"肉中骄子"的美称。牛肉含蛋白质、糖类、氨基酸、钾、磷、钠、镁、钙、铁、脂肪等营养成分。中医认为，牛肉有补中益气、滋养脾胃、强健筋骨、化痰息风、止渴止涎的功能。

扫一扫看视频

干煸芋头牛肉丝

⏱ 2分钟　　益气补血

原料： 牛肉270克，鸡腿菇45克，芋头70克，青椒15克，红椒10克，姜丝、蒜片各少许

调料： 盐3克，白糖、食粉各少许，料酒4毫升，生抽6毫升，食用油适量

做法

1 将去皮洗净的芋头切丝；洗好的鸡腿菇、红椒、青椒、牛肉切丝；肉丝加姜丝、料酒、1克盐、食粉、3毫升生抽拌匀，腌渍约15分钟。

2 锅注油烧热，倒入芋头丝用中火炸成金黄色，捞出，倒入鸡腿菇，炸一会儿，捞出。

3 用油起锅，撒姜丝、蒜片，大火爆香，倒入肉丝炒至转色，倒入红椒、青椒、芋头和鸡腿菇炒散，加入2克盐、3毫升生抽、白糖。

4 用大火炒至食材熟透，盛出即可。

山楂菠萝炒牛肉

⏱ 2分30秒　🍲 益气补血

扫一扫看视频

原料： 牛肉片200克，水发山楂片25克，菠萝600克，圆椒少许
调料： 番茄酱30克，盐3克，鸡粉2克，食粉少许，料酒6毫升，水淀粉、食用油各适量

做法

1 牛肉加1克盐、3毫升料酒、食粉、水淀粉拌匀，淋入食用油，腌渍约20分钟。

2 洗净的圆椒切块；菠萝挖空果肉，制成菠萝盅，再将菠萝肉切小块。

3 锅注油烧热，倒入牛肉拌匀，待肉质变色，倒入圆椒炸出香味，捞出。

4 油烧热，倒入山楂、菠萝、番茄酱、滑油的食材、3毫升料酒、2克盐、鸡粉、水淀粉炒匀，装入菠萝盅即成。

牛肉苹果丝

⏱ 1分30秒　🍲 美容养颜

原料： 牛肉丝150克，苹果150克，生姜15克

调料： 盐3克，鸡粉2克，料酒5毫升，生抽4毫升，水淀粉3毫升，食用油适量

做法

1 洗净的生姜切薄片，再切成丝；洗好的苹果去核，切成条。

2 牛肉丝加入1克盐、2毫升料酒、水淀粉拌匀，淋入少许食用油，腌渍片刻至其入味。

3 热锅注油，倒入姜丝，放入腌渍好的牛肉丝，翻炒至变色。

4 淋入3毫升料酒、生抽，放入2克盐、鸡粉，倒入备好的苹果丝炒匀，盛出即可。

扫一扫看视频

红薯炒牛肉

🕐 2分钟　🍃 防癌抗癌

原料： 牛肉200克，红薯100克，青椒20克，红椒20克，姜片、蒜末、葱白各少许

调料： 盐4克，食粉、鸡粉、味精各适量，生抽3毫升，料酒4毫升，水淀粉10毫升，食用油适量

做法

1 去皮洗净的红薯切片；洗净的红椒、青椒去子，切块；牛肉切片，加食粉、1毫升生抽、1克盐、味精、5毫升水淀粉抓匀，加油腌渍10分钟。

2 水烧开，加入1克盐、红薯、青椒、红椒、食用油焯水约半分钟，捞出，将牛肉倒入锅中，汆约半分钟至转色，捞出。

3 用油起锅，倒入姜片、蒜末、葱白爆香，倒入牛肉、料酒、红薯、青椒、红椒炒均匀。

4 加入2毫升生抽、2克盐、鸡粉炒匀，加入5毫升水淀粉勾芡，盛出即可。

扫一扫看视频

酱烧牛肉

🕐 7分30秒　🍃 增强免疫力

原料： 牛肉300克，冰糖15克，干辣椒6克，花椒3克，八角、葱段、姜片、蒜末各少许

调料： 食粉2克，盐3克，鸡粉3克，生抽7毫升，水淀粉15毫升，陈醋6毫升，料酒10毫升，豆瓣酱7克，食用油适量

做法

1 洗好的牛肉切成片，放入食粉、1克盐、1克鸡粉、3毫升生抽、水淀粉抓匀上浆，倒入食用油腌渍。

2 水烧开，倒入牛肉片煮至变色，捞出；油烧热，倒入牛肉片过油半分钟，捞出。

3 锅留油爆香姜片、蒜末、干辣椒、花椒、八角、桂皮，放冰糖、牛肉、料酒、4毫升生抽、豆瓣酱、陈醋、2克盐、2克鸡粉、水煮沸，焖5分钟。

4 倒入水淀粉翻炒入味，装盘撒上葱段即可。

扫一扫看视频

五香酱牛肉

🕐 63分钟　　🍖 增强免疫力

原料： 牛肉400克，花椒5克，茴香5克，香叶1克，桂皮2片，草果2个，八角2个，朝天椒5克，葱段20克，姜片少许，去壳熟鸡蛋2个

调料： 老抽、料酒各5毫升，生抽30毫升

做法

1 牛肉中放入花椒、茴香、香叶、桂皮、草果、八角、姜片、朝天椒。

2 倒入料酒、老抽、生抽拌匀，放入冰箱保鲜24小时至食材腌渍入味。

3 牛肉与酱汁倒入砂锅，注水，放入葱段、鸡蛋，煮开后转小火续煮1小时。

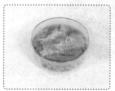

4 取出，装碗放凉，放入冰箱冷藏12小时至入味。

烹饪小提示

腌渍所用生抽以刚好没过牛肉为宜，腌渍后的牛肉相对易熟，不宜煮得过于熟烂。

5 取出，将鸡蛋对半切开；酱牛肉切片，浇上少许卤汁即可。

萝卜炖牛肉

⏱ 47分钟　🍲 开胃消食

扫一扫看视频

原料： 胡萝卜120克，白萝卜230克，牛肉270克，姜片少许
调料： 盐2克，老抽2毫升，生抽6毫升，水淀粉6毫升

做法

1 洗净去皮的白萝卜、胡萝卜均切成块；洗好的牛肉切成块。

2 锅中注水烧热，放入牛肉、姜片拌匀，加入老抽、生抽、盐。

3 煮开后用中小火煮30分钟，倒入白萝卜、胡萝卜。

4 用中小火煮15分钟，倒入适量水淀粉，炒至食材熟软入味即可。

卤水拼盘

⏱ 68分钟　　🫘 益气补血

原料： 鸭肉500克，猪耳、猪肚各400克，老豆腐380克，牛肉、鸭胗、熟鸡蛋、姜片、葱条、香叶、草果、沙姜、芫荽子、红曲米、花椒、八角、桂皮各适量

调料： 盐20克，鸡粉15克，白糖30克，老抽10毫升，生抽20毫升，食用油、料酒适量

扫一扫看视频

做法

1 水烧热，放入牛肉、鸭胗、猪耳、猪肚、鸭肉、料酒煮约1分钟，捞出。

2 油烧热，放入老豆腐，炸约2分钟，捞出；取隔渣袋，装入香料，制成香袋。

3 水烧开，放入香袋，加入盐、鸡粉、白糖、生抽、老抽、姜片、葱条，倒入余过水的食材。

4 小火卤约20分钟，关火静置约30分钟，倒入鸡蛋和豆腐，卤约15分钟，切片即成。

扫一扫看视频

清炖牛肉汤

⏱ 152分钟　🍽 增强免疫力

原料： 牛腩块270克，胡萝卜120克，白萝卜160克，葱条、姜片、八角各少许

调料： 料酒8毫升

做法

1 将去皮洗净的胡萝卜、白萝卜均切成滚刀块。

2 锅中注水烧开，倒入牛腩块、4毫升料酒拌匀，用大火煮约2分钟，捞出。

3 砂锅注水烧开，放入葱条、姜片、八角、牛腩、4毫升料酒，烧开后用小火煲约2小时。

4 倒入胡萝卜、白萝卜，用小火续煮约30分钟至入味，拣出八角、葱条和姜片即成。

扫一扫看视频

酸汤牛腩

⏱ 127分钟　🍽 开胃消食

原料： 牛腩500克，圣女果20克，野山椒15克，泡豆角、胡萝卜泡菜、白萝卜泡菜各100克，泡笋120克，泡菜汤250毫升，姜片少许

调料： 盐、鸡粉、胡椒粉各2克，料酒10毫升

做法

1 胡萝卜泡菜、泡笋均切滚刀块；白萝卜泡菜切厚片；泡豆角切小段。

2 沸水锅中倒牛腩、5毫升料酒，氽水捞出。

3 砂锅注水，倒入泡菜汤、牛腩、泡豆角、白萝卜、胡萝卜、泡笋、姜片、野山椒、盐、5毫升料酒拌匀，煮开后转小火煮2小时。

4 放入圣女果拌匀，续煮5分钟，加入鸡粉、胡椒粉拌匀即可。

羊肉

羊肉是全世界普遍的肉品之一，温补效果很好，古来素有"冬吃羊肉赛人参，春夏秋食亦强身"之说。其富含蛋白质、糖类、维生素A、灰分、钾、钠、磷、钙、锌、铁、硒等营养物质，对肺结核、气管炎、哮喘、贫血、产后气血两虚、腹部冷痛、体虚畏寒、营养不良、腰膝酸软、阳痿早泄以及虚寒病症者均有很大裨益。

松仁炒羊肉

🕐 2分30秒　　🫘 补肾壮阳

原料： 羊肉400克，彩椒60克，豌豆、松仁、胡萝卜片、姜片、葱段各少许
调料： 盐4克，鸡粉4克，食粉1克，生抽5毫升，料酒10毫升，水淀粉13毫升，食用油适量

做法

1 洗净的彩椒切块；羊肉切片，加食粉、1克盐、2克鸡粉、生抽、6毫升水淀粉拌匀，腌渍。

2 水烧热，加入油、1克盐、豌豆、彩椒、胡萝卜片煮至断生，捞出；油烧热，放松仁小火炸香，捞出，倒入羊肉滑油至变色，捞出。

3 锅底留油，放入姜片、葱段爆香，倒入焯水的食材炒匀，放入羊肉、料酒炒匀，加入2克鸡粉、2克盐炒匀调味。

4 倒入7毫升水淀粉翻炒至食材入味即可。

香菜炒羊肉

⏱ 3分钟　🍽 开胃消食

扫一扫看视频

原料： 羊肉270克，香菜段85克，彩椒20克，姜片、蒜末各少许
调料： 盐3克，鸡粉、胡椒粉各2克，料酒6毫升，食用油适量

做法

1 将洗净的彩椒切成粗条，待用；洗好的羊肉切成片，再切成粗丝，备用。

2 用油起锅，放入姜片、蒜末，爆香，倒入羊肉炒至变色，淋入料酒炒匀。

3 放入彩椒丝炒软，转小火，加入盐、鸡粉、胡椒粉，炒匀调味。

4 倒入备好的香菜段，快速翻炒一会儿，至其散出香味，盛出装盘即成。

扫一扫看视频

葱爆羊肉片

⏱ 2分30秒　🥩 增强免疫力

原料： 羊肉600克，大葱50克，红椒15克
调料： 鸡粉2克，盐2克，料酒5毫升，食用油适量

做法

1 处理好的大葱切成段；洗净的红椒切开，去子，切成块。

2 处理好的羊肉切成薄片，待用。

3 锅中注油，大火烧热，倒入羊肉炒至转色，倒入大葱、红椒，快速翻炒匀。

4 淋入料酒翻炒提鲜，加入鸡粉、盐，翻炒入味，盛出即可。

扫一扫看视频

扫一扫看视频

羊肉西红柿汤

⏱ 22分钟　🍖 养颜美容

原料： 羊肉100克，西红柿100克

调料： 盐2克，鸡粉3克，芝麻油适量

做法

1 砂锅中注入高汤，大火煮沸，放入洗净切片的羊肉，倒入洗好切瓣的西红柿，拌匀。

2 盖上锅盖，用小火煮约20分钟至食材熟透。

3 揭开锅盖，放入盐、鸡粉，淋入芝麻油，搅拌匀，调味。

4 关火后盛出煮好的汤料，装入备好的碗中即可。

胡萝卜板栗炖羊肉

⏱ 60分钟　🍖 保肝护肾

原料： 胡萝卜50克，板栗肉20克，羊肉块80克，香叶、八角、桂皮、葱段、大蒜籽、姜块各适量

调料： 盐3克，生抽6毫升，鸡粉2克，水淀粉4毫升，白酒10毫升，食用油适量

做法

1 胡萝卜洗净切滚刀块；板栗肉切半。

2 用油起锅，倒入葱段、姜块、大蒜籽爆香，倒入羊肉炒至转色，倒入白酒、八角、桂皮、香叶炒出香味。

3 注水煮开，中火煮35分钟，倒入板栗、胡萝卜，放入盐、生抽调味。

4 续煮20分钟，将里面的香料捡出，放入鸡粉、水淀粉搅拌勾芡即可。

羊肚

羊肚就是羊的胃部，含有丰富的蛋白质、脂肪、糖类、钙、磷、铁、B族维生素等营养成分。羊肚具有健脾补虚、益气健胃、固表止汗之功效，可用于虚劳羸瘦、不能饮食、消渴、盗汗、尿频等症的食疗。

扫一扫看视频

尖椒炒羊肚

🕐 4分钟　　🫁 增强免疫力

原料： 羊肚500克，青椒20克，红椒10克，胡萝卜50克，姜片、葱段、八角、桂皮各少许

调料： 盐2克，鸡粉3克，胡椒粉、水淀粉、料酒、食用油各适量

做法

1 洗净去皮的胡萝卜、红椒、青椒切丝；水烧开，倒入羊肚、料酒略煮，捞出。

2 另起锅，注水，放入羊肚、葱段、八角、桂皮、料酒，略煮，捞出羊肚，放凉后切成丝。

3 用油起锅，放入姜片、葱段爆香，倒入胡萝卜、青椒、红椒、羊肚炒匀。

4 加入料酒、盐、鸡粉、胡椒粉、水淀粉炒匀调味即可。

土豆炖羊肚

⏱ 38分钟　🍲 益气补血

原料： 羊肚500克，土豆300克，红椒15克，桂皮、八角、花椒、葱段、姜片各少许

调料： 盐2克，鸡粉3克，水淀粉、生抽、蚝油、料酒各适量

做法

1 水烧开，放入羊肚、料酒，略煮，捞出；另起锅，注水，放入羊肚、葱段、八角、桂皮、料酒，略煮，捞出，放凉后切块。

2 洗净的红椒去子，切块；洗好去皮的土豆切滚刀块。

3 用油起锅，倒入姜片、葱段爆香，放入羊肚、花椒、料酒、清水、生抽、盐、蚝油、土豆拌匀，用大火炖30分钟。

4 倒入红椒、鸡粉、水淀粉、葱段炒匀即可。

红烧羊肚

⏱ 3分钟　🍲 益气补血

原料： 熟羊肚200克，竹笋100克，水发香菇10克，青椒、红椒、姜片、葱段各少许

调料： 盐2克，鸡粉3克，料酒5毫升，生抽、水淀粉、食用油各适量

做法

1 洗净的青椒、红椒去子，切块；洗净的香菇去蒂，切块；洗好去皮的竹笋切片；熟羊肚切成块。

2 锅中注水烧开，倒入笋片略煮一会儿，捞出，沥干水。

3 用油起锅，放入姜片、葱段、青椒、红椒、香菇炒匀，倒入竹笋、羊肚翻炒匀。

4 淋入料酒炒匀，加入盐、鸡粉、生抽、水淀粉炒匀，装入盘中即可。

兔肉

兔肉纤维细，味道鲜美，是一种高蛋白、低脂肪、少胆固醇的食物，既营养又不会令人肥胖，是理想的"美容食品"。兔肉在国际上享有盛名，被称为保健肉、荤中之素、美容肉、百味肉等。其含蛋白质、糖类、赖氨酸、烟酸、卵磷脂、钾、钙、钠等营养物质，有健脑益智、保护血管壁、强身健体、防止有害物质沉积等功效。

红焖兔肉

⏱ 63分钟　🍲 益气补血

扫一扫看视频

原料： 兔肉块350克，香菜15克，姜片、八角、葱段、花椒各少许

调料： 柱侯酱10克，花生酱12克，老抽2毫升，生抽6毫升，料酒4毫升，鸡粉2克，食用油适量

做法

1 用油起锅，倒入兔肉块炒至变色，放入姜片、八角、葱段、花椒炒出香味。

2 加入柱侯酱、花生酱、老抽、生抽、料酒、清水，中小火焖约1小时。

3 揭盖，加入鸡粉，拌匀，用大火收汁，拣出八角、姜片、葱段。

4 放入香菜梗，拌匀，煮至变软，盛出装入盘中，再撒上香菜叶即可。

扫一扫看视频

红枣板栗焖兔肉

🕐 57分钟　🍲 益气补血

原料： 兔肉块230克，板栗肉80克，红枣15克，姜片、葱条各少许

调料： 料酒7毫升，盐2克，鸡粉2克，胡椒粉3克，芝麻油3毫升，水淀粉10毫升

做法

1　锅中注水烧开，倒入兔肉块拌匀，淋入3毫升料酒，放入姜片、葱条，略煮捞出。

2　用油起锅，放入兔肉块炒匀，倒入姜片、葱条爆香，淋入4毫升料酒炒匀。

3　注入清水，倒入红枣、板栗肉，烧开后用小火焖约40分钟。

4　加入盐，中小火焖约15分钟，加入鸡粉、胡椒粉、芝麻油，用水淀粉勾芡，盛出即可。

扫一扫看视频

兔肉萝卜煲

🕐 18分钟　🍲 降低血糖

原料： 兔肉500克，白萝卜500克，香叶、八角、草果、姜片、葱段各少许

调料： 盐2克，料酒10毫升，生抽10毫升

做法

1　洗净去皮的白萝卜切成小块。

2　锅中注水烧开，倒入兔肉汆水捞出。

3　用油起锅，放入姜片、葱段爆香，倒入兔肉翻炒匀，放入香叶、八角、草果、料酒，炒出香味，倒入生抽、清水煮至沸，放入白萝卜，炒匀，用小火焖15分钟。

4　将锅中的食材转到砂锅中，放入盐搅匀入味，用大火加热，取下砂锅，放入葱段即可。

扫一扫看视频

葱香拌兔丝

🕐 7分钟　🫘 降低血糖

原料： 兔肉300克，彩椒50克，葱条20克，蒜末少许

调料： 盐、鸡粉各3克，生抽4毫升，陈醋8毫升，芝麻油少许

做法

1 将洗净的彩椒切成丝；洗好的葱条切小段，待用。

2 锅中注水烧开，倒入洗净的兔肉，用中火煮约5分钟，捞出，沥干水分。

3 放凉后切成肉丝，倒入彩椒丝，放入蒜末、盐、鸡粉、生抽、陈醋。

4 倒入芝麻油搅拌匀，撒上葱段搅拌一会儿，至食材入味。

烹饪小提示

煮兔肉时加入少许姜片、花椒等材料，能有效去除其腥味。

5 取一个干净的盘子，盛入拌好的菜肴，摆好盘即成。

PART 03 满口香浓的禽肉

吃畜肉不如吃禽肉，与畜肉相比，禽肉具有更高的营养价值，以及更加醇厚鲜美的口感。禽肉是高蛋白低脂肪的食物，特别是鸡肉中赖氨酸的含量比猪肉高出13%，被誉为"人类最好的营养源"。本章就带你见识一下香浓爽口、营养丰富的禽肉佳肴。

鸡肉

鸡肉的肉质细嫩，适合多种烹调方法，经常吃鸡进行滋补，可为身体的健康打下坚实的基础。鸡肉含有蛋白质、维生素A、维生素C、钾、磷、钠、镁、烟酸、脂肪等营养物质。中医认为，鸡肉可用于脾胃气虚、阳虚引起的乏力、水肿、产后乳少、虚弱头晕等症，对于肾精不足所致的小便频数、耳聋、精少精冷等症也有很好的辅助疗效。

扫一扫看视频

歌乐山辣子鸡

🕐 2分钟　☁️ 美容养颜

原料： 鸡腿肉300克，干辣椒30克，芹菜12克，彩椒10克，葱段、蒜末、姜末各少许

调料： 盐3克，鸡粉少许，料酒4毫升，辣椒油、食用油各适量

做法

1 将洗净的鸡腿肉切小块；洗好的芹菜斜刀切段；洗净的彩椒切菱形片。

2 锅注油烧热，倒入鸡块拌匀，用中小火炸至断生后捞出。

3 用油起锅，倒入姜末、蒜末、葱段爆香，倒入鸡块、料酒炒出香味。

4 放入干辣椒炒出辣味，加入盐、鸡粉，炒匀调味，倒入芹菜和彩椒炒透，淋入辣椒油炒至食材入味即可。

麻辣干炒鸡

⏱ 2分钟　☁ 增强免疫力

原料： 鸡腿300克，干辣椒10克，花椒7克，葱段、姜片、蒜末各少许

调料： 盐2克，鸡粉2克，生粉6克，料酒4毫升，生抽5毫升，辣椒油6毫升，花椒油5毫升，五香粉2克，食用油适量

做法

1 鸡腿斩成小件，加入1克盐、1克鸡粉、2毫升生抽、生粉拌匀，注油腌渍10分钟。

2 锅中注入适量食用油，烧热，倒入鸡块拌匀，捞出炸好的鸡块，沥干油，待用。

3 锅留油，放葱段、姜片、蒜末、干辣椒、花椒、鸡块炒匀。

4 淋入料酒、3毫升生抽炒匀，加入1克盐、1克鸡粉、辣椒油、花椒油、五香粉炒片刻即可。

扫一扫看视频

腰果炒鸡丁

🕐 5分钟　　🍲 增强免疫力

原料： 鸡肉丁250克，腰果80克，青椒丁50克，红椒丁50克，姜末、蒜末各少许

调料： 盐3克，干淀粉5克，黑胡椒粉2克，料酒7毫升，食用油10毫升

做法

1 取一碗，加入干淀粉、黑胡椒粉、料酒，拌匀，倒入备好的鸡肉丁，拌匀，腌渍10分钟。

2 热锅注油，放入腰果小火翻炒至微黄色，盛出炒好的腰果，装入盘中备用。

3 锅底留油，倒入姜末、蒜末，爆香，放入鸡肉炒约2分钟至转色。

4 倒入青椒丁、红椒丁，炒匀，加入盐，炒入味，倒入腰果炒匀，盛出即可。

扫一扫看视频

白果鸡丁

🕐 3分钟　☁️ 瘦身排毒

原料： 鸡胸肉300克，彩椒60克，白果120克，姜片、葱段各少许

调料： 盐适量，鸡粉2克，水淀粉8毫升，生抽、料酒、食用油各少许

做法

1 彩椒洗净切小块；鸡胸肉洗净切丁，加盐、1克鸡粉、4毫升水淀粉拌匀，倒油腌渍。

2 锅中注水烧开，加入盐、食用油、白果煮半分钟，加入彩椒块再煮半分钟，捞出。

3 起油锅，倒入鸡肉丁炸至变色，捞出。

4 锅底留油，放入姜片、葱段爆香，倒入白果、彩椒、鸡肉、料酒、盐、1克鸡粉、生抽、4毫升水淀粉炒匀即可。

扫一扫看视频

酱爆鸡丁

🕐 3分钟　☁️ 增强免疫力

原料： 鸡脯肉350克，黄瓜150克，彩椒50克，姜末10克，蛋清20克

调料： 老抽5毫升，黄豆酱10克，水淀粉5毫升，生粉3克，白糖2克，鸡粉2克，料酒5毫升，盐、食用油各适量

做法

1 黄瓜洗净切丁；彩椒洗净去籽，切块；鸡肉切丁，加入盐、料酒、蛋清、1克鸡粉搅拌片刻，注油腌渍5分钟。

2 锅注油烧热，倒入鸡肉搅匀，倒入黄瓜、甜椒，搅拌滑油，捞出。

3 锅留油，放入姜末、黄豆酱、清水、白糖、1克鸡粉、鸡丁、黄瓜、甜椒炒匀。

4 加入老抽、水淀粉，大火收汁即可。

扫一扫看视频

2分钟

增强免疫力

茄汁豆角焖鸡丁

原料： 鸡胸肉270克，豆角180克，西红柿50克，蒜末、葱段各少许

调料： 盐3克，鸡粉1克，白糖3克，番茄酱7克，水淀粉、食用油各适量

烹饪小提示

豆角要煮至熟透，否则易导致中毒。

做法

1 洗好的豆角切成小段；洗净的西红柿切成丁。

2 洗好的鸡胸肉切成丁，加入1克盐、鸡粉、水淀粉拌匀，注油腌渍约10分钟。

3 锅中注水烧开，加食用油、1克盐、豆角焯煮至断生，捞出。

4 用油起锅，倒入鸡肉丁炒至变色，放入蒜末、葱段炒均匀。

5 倒入豆角、西红柿丁炒至变软。

6 加入番茄酱、白糖、1克盐炒匀，倒入水淀粉炒均匀，盛出即可。

荔枝鸡球

⏱ 2分钟　🍲 美容养颜

原料： 鸡胸肉165克，荔枝135克，鸡蛋1个，彩椒40克，姜片、葱段各少许

调料： 盐3克，鸡粉2克，料酒5毫升，生粉、水淀粉、食用油各适量

做法

1 将洗净的彩椒切成菱形片；洗好的荔枝取果肉；鸡胸肉切成肉末，待用。

2 肉末装碗，加入2毫升料酒、1克鸡粉、1克盐、鸡蛋、生粉拌匀，制成肉糊，待用。

3 油烧热，把肉糊做成数个鸡肉丸，入锅，中小火炸约2分钟，捞出。

4 用油起锅，放入姜片、葱段、彩椒、荔枝肉、肉丸、2克盐、1克鸡粉、3毫升料酒、水淀粉炒熟入味，盛出即可。

圣女果芦笋鸡柳

⏱ 2分钟　　降低血压

原料： 鸡胸肉220克，芦笋100克，圣女果40克，葱段少许
调料： 盐3克，鸡粉少许，料酒6毫升，水淀粉、食用油各适量

做法

1 洗净的芦笋切长段；洗好的圣女果对半切开；鸡胸肉切条形。

2 鸡肉装碗，加入1克盐、水淀粉、3毫升料酒拌一会儿，再腌渍约10分钟，待用。

3 热锅注油，烧至四五成热，放入鸡肉条、芦笋段拌匀，用小火略炸至断生后捞出。

4 用油起锅，放入葱段、炸好的材料、圣女果、2克盐、鸡粉、3毫升料酒、水淀粉炒匀入味，盛出即成。

扫一扫看视频

酸脆鸡柳

⏱ 1分30秒　🍽 增强免疫力

原料： 鸡腿肉200克，柠檬20克，柠檬汁50毫升，柠檬皮10克，蛋黄20克，脆炸粉25克

调料： 盐3克，水淀粉4毫升，生粉5克，食用油适量

做法

1. 洗净的鸡腿肉切大块；柠檬皮切粒；将柠檬汁挤入鸡腿肉上，加入盐、柠檬皮搅拌匀，腌渍半小时；在蛋液中加入生粉搅拌均匀。

2. 将鸡肉放入蛋液中，再粘上脆炸粉。

3. 锅中注油，烧至六成热，将鸡肉放入油锅中搅匀，炸至金黄色，捞出，沥干油，装入盘中，待用。

4. 锅注油，倒入柠檬皮炒香，倒入鸡肉翻炒匀，倒入柠檬汁翻炒匀即可。

扫一扫看视频

圆椒桂圆炒鸡丝

⏱ 2分钟　🍽 益气补血

原料： 鸡胸肉400克，胡萝卜100克，圆椒80克，桂圆肉40克，姜片、葱段各少许

调料： 盐4克，鸡粉3克，料酒10毫升，水淀粉16毫升，食用油适量

做法

1. 洗好的圆椒去子，切成丝；洗净的胡萝切成丝；鸡胸肉切成丝，加2克盐、2克鸡粉、8毫升水淀粉拌匀，倒入适量食用油，腌渍约10分钟。

2. 锅中注水烧开，加1克盐、食用油、胡萝卜丝拌匀，煮约半分钟，捞出。

3. 用油起锅，放入姜片、葱段爆香，倒入鸡肉丝翻炒至变色，淋入料酒炒匀提味。

4. 放入圆椒丝、胡萝卜丝、1克鸡粉、1克盐、桂圆肉，倒入8毫升水淀粉翻炒片刻，盛出即可。

双椒鸡丝

⏱ 2分钟　🍲 保肝护肾

原料： 鸡胸肉250克，青椒75克，彩椒35克，红小米椒25克，花椒少许

调料： 盐2克，鸡粉、胡椒粉各少许，料酒6毫升，水淀粉、食用油各适量

做法

1 洗净的青椒去子，切细丝；洗好的彩椒切细丝；洗净的红小米椒切小段。

2 鸡胸肉切细丝，加入1克盐、3毫升料酒、水淀粉搅拌匀，再腌渍约10分钟，备用。

3 用油起锅，倒入肉丝炒至其变色，撒上备好的花椒炒出香味。

4 放入红小米椒，炒匀，淋入3毫升料酒，炒出辣味，倒入青椒丝、彩椒丝炒至变软。

烹饪小提示

腌渍肉丝时可加入少许食用油，这样菜肴的口感更佳。

5 加入1克盐、鸡粉、胡椒粉，再用水淀粉勾芡，装入盘中即成。

干煸麻辣鸡丝

⏱ 2分30秒　🍽 开胃消食

原料： 鸡胸肉300克，干辣椒6克，花椒4克，花生碎、白芝麻、蒜末、葱花各少许

调料： 盐3克，鸡粉3克，生抽4毫升，辣椒油、水淀粉、食用油各适量

做法

1 处理好的鸡胸肉切成薄片，再切成丝。

2 鸡肉丝装碗，加入1克盐、1克鸡粉、水淀粉抓匀上浆，倒油腌渍10分钟。

3 用油起锅，倒入蒜末、干辣椒、花椒爆香，倒入鸡肉丝炒至变色。

4 加入2克盐、2克鸡粉、生抽、辣椒油、葱花、白芝麻、花生碎炒片刻至入味，盛出即可。

扫一扫看视频

怪味鸡丝

🕐 20分钟　　🍲 开胃消食

原料： 鸡胸肉160克，绿豆芽55克，姜末、蒜末各少许

调料： 芝麻酱5克，鸡粉2克，盐2克，生抽5毫升，白糖3克，陈醋6毫升，辣椒油10毫升，花椒油7毫升

做法

1 锅中注水烧开，倒入鸡胸肉，烧开后用小火煮15分钟，捞出放凉，切丝。

2 锅中注水烧开，倒入洗好的绿豆芽拌匀，煮至断生，捞出，放入盘中。

3 将鸡肉丝放在黄豆芽上；取一碗，放入芝麻酱、鸡粉、盐、生抽、白糖。

4 倒入陈醋、辣椒油、花椒油，拌匀，倒入蒜末、姜末，拌匀，浇在食材上即可。

扫一扫看视频

虫草花香菇蒸鸡

🕐 23分钟　🗨 增强免疫力

原料： 鸡腿肉块280克，水发香菇50克，水发虫草花25克，枸杞3克，红枣35克，姜丝5克

调料： 盐3克，蚝油3毫升，干淀粉10克，生抽8毫升

做法

1 香菇洗净切片；虫草花洗净切小段。

2 鸡腿肉块装碗中，放入生抽、生姜、蚝油、盐、枸杞，撒上干淀粉搅拌均匀，腌渍约10分钟。

3 取一蒸盘，倒入腌渍好的食材，放入香菇片、虫草花段、红枣。

4 电蒸锅烧开水后放入蒸盘，蒸约20分钟，取出，稍微冷却后即可食用。

扫一扫看视频

鸡丝茄子土豆泥

🕐 30分钟　🗨 健脾止泻

原料： 土豆200克，茄子80克，鸡胸肉150克，香菜35克，蒜末、葱花各少许

调料： 盐2克，生抽4毫升，芝麻油适量

做法

1 将去皮洗净的土豆切开，再切片。

2 蒸锅上火烧开，放入土豆片和备好的茄子、鸡胸肉，盖盖，用大火蒸约25分钟，至食材熟透，取出，放凉。

3 土豆片压碎，呈泥状；茄子和鸡胸肉均撕成条，装碗，放入香菜、盐、生抽、芝麻油、蒜末、葱花拌匀。

4 取一盘子，放入土豆泥，铺平，再盛入拌好的材料，摆好盘即可。

扫一扫看视频

5分钟

开胃消食

开心果鸡肉沙拉

原料： 鸡肉300克，开心果仁25克，苦菊300克，圣女果20克，柠檬50克，酸奶20毫升

调料： 胡椒粉1克，料酒5毫升，芥末少许，橄榄油5毫升

烹饪小提示

鸡肉的氽煮时间不宜太长，以免口感不好。

做法

1 洗好的圣女果对半切开；洗净的苦菊切段；洗好的鸡肉切大块，待用。

2 锅中注入适量清水烧开，倒入切好的鸡肉，拌匀。

3 加入料酒，拌匀，煮约4分钟，氽去血水，捞出鸡肉，装盘待用。

4 将柠檬汁挤在备好的酸奶中。

5 加入胡椒粉、芥末、橄榄油，拌匀，制成沙拉酱。

6 取一碗，放入苦菊、开心果仁、鸡肉、圣女果，放入适量沙拉酱即可。

山药胡萝卜炖鸡块

⏱ 50分钟　☁ 安神助眠

原料： 鸡肉块350克，胡萝卜120克，山药100克，姜片少许
调料： 盐2克，鸡粉2克，胡椒粉、料酒各少许

做法

1 洗净去皮的胡萝卜切成滚刀块；洗好去皮的山药切成滚刀块。

2 锅中注水烧开，倒入鸡肉块、料酒，氽去血水，捞出。

3 砂锅注水烧开，倒入鸡块、姜片、胡萝卜、山药，淋入少许料酒，拌匀。

4 烧开后用小火煮45分钟至熟透，加入盐、鸡粉、胡椒粉拌匀，盛出即可。

鸡腿

鸡腿是一种带骨头的鸡大腿肉，属于"活肉"。其肉质细嫩，滋味鲜美，是蛋白质最高的肉类之一，属于高蛋白低脂肪的食品。鸡腿肉蛋白质的含量比例较高，种类多，而且消化率高，很容易被人体吸收利用，有增强体力、强壮身体的作用，其还含有对人体生长发育有重要作用的磷脂，是中国人膳食结构中脂肪和磷脂的重要来源之一。

扫一扫看视频

剁椒蒸鸡腿

🕐 23分钟　　🍲 保肝护肾

原料： 鸡腿200克，剁椒酱25克，红蜜豆35克，姜片、蒜末各少许
调料： 海鲜酱12克，鸡粉少许，料酒3毫升

做法

1 取一小碗，倒入备好的剁椒酱，加入海鲜酱，撒上姜片、蒜末。

2 淋入料酒，放入少许鸡粉搅拌均匀，制成辣酱，待用。

3 取一蒸盘，放入鸡腿摆好，撒上红蜜豆，再盛入调好的辣酱，铺匀。

4 蒸锅上火烧开，放入蒸盘，盖上盖，用大火蒸约20分钟即可。

迷迭香煎鸡腿

⏱ 5分钟　　🍖 益气补血

扫一扫看视频

原料： 鸡腿200克，迷迭香5克
调料： 黑胡椒5克，料酒4毫升，生抽4毫升，食用油适量

做法

1 在处理干净的鸡腿上用刀尖戳几个孔，淋入料酒、生抽。

2 加入备好的迷迭香、2克黑胡椒，搅匀，腌渍30分钟至其入味，备用。

3 煎锅中倒油烧热，放入鸡腿，略煎一会儿，将鸡腿翻面。

4 撒上3克黑胡椒，煎出胡椒香，盛出装入盘中即可。

扫一扫看视频

茶香卤鸡腿

🕐 *40分钟*　🍃 *增强免疫力*

原料： 鸡腿400克，普洱茶500毫升，姜片、大葱段、蒜头、八角、香叶、花椒、桂皮、草果各少许，干辣椒6克，葱花适量

调料： 盐2克，老抽4毫升，料酒、生抽、食用油各适量

做法

1 锅中注水烧热，倒入鸡腿，氽煮片刻，捞出，沥干水分。

2 用油起锅，倒入八角、香叶、花椒、桂皮、姜片、大葱段、蒜头炒匀。

3 加入料酒、生抽、普洱茶、鸡腿、干辣椒、老抽、盐，小火卤约35分钟。

4 取出鸡腿，切成小块，装入盘中，撒上葱花即可。

扫一扫看视频

辣酱鸡腿

🕐 26分钟　　🍗 强身健体

原料： 鸡腿200克，洋葱50克，彩椒10克，黄奶油15克，奶油15克，辣椒粉10克，鸡汤200毫升

调料： 盐3克，鸡粉2克，料酒、胡椒粉各适量

做法

1 取盘子，放入鸡腿，加入1克盐、料酒，腌渍15分钟。

2 洗净的洋葱切片；洗好的彩椒切片。

3 锅中倒入黄奶油，加热使其溶化，放入鸡腿，炸约4分钟，装入盘中。

4 起油锅，炒香洋葱，加入彩椒、辣椒粉、胡椒粉、鸡腿、鸡汤、2克盐拌匀，用小火焖20分钟，倒入黄奶油拌匀即可。

扫一扫看视频

蜜酱鸡腿

🕐 6分钟　　🍗 增强免疫力

原料： 鸡腿350克，朗姆酒70毫升，草果2个，八角2个，桂皮1片，蜂蜜15克，葱段25克，白芝麻10克，姜末、生菜丝各适量

调料： 白糖、白胡椒粉各5克，料酒5毫升，生抽15毫升，食用油适量

做法

1 将草果、桂皮、八角拍碎；鸡腿改刀，加姜末、碎香料、朗姆酒、生抽、白胡椒粉、白糖拌匀，入冰箱保鲜12小时。

2 将蜂蜜、朗姆酒、生抽、料酒拌匀，煮至浓稠；鸡腿放入油锅煎香，下葱段。

3 刷调味汁，煎表皮焦黄，取出切厚片。

4 取一盘，摆放上生菜丝，放入鸡腿肉，撒上白芝麻即可。

鸡翅

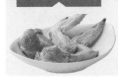

鸡翅即鸡翼，是整个鸡身最为鲜嫩可口的部位之一，常见于多种菜肴或小吃中。其富含蛋白质、糖类、视黄醇、维生素A、磷、钾、钠、硒等营养成分。鸡翅有温中益气、补精添髓、强腰健胃、养护血管等作用。

扫一扫看视频

卤凤双拼

⏱ 17分30秒　🧠 美容养颜

原料： 鸡爪160克，鸡翅180克，葱段、姜片、桂皮、八角各少许，卤水汁20毫升

调料： 盐3克，老抽3毫升，料酒5毫升，食用油适量

做法

1 锅中注水烧开，倒入洗净的鸡翅、鸡爪拌匀，汆煮约2分钟，去除血渍后捞出。

2 用油起锅，倒入八角、桂皮，炒出香味，撒上葱段、姜片爆香，注入卤水汁、清水略煮，滴上老抽，加入盐、料酒、汆过水的材料拌匀。

3 盖上盖，烧开后转小火卤约15分钟。

4 揭盖，夹出卤好的菜肴摆放在盘中，稍稍冷却后食用即可。

酱汁鸡翅

⏱ 7分钟 🍽 开胃消食

原料： 鸡翅500克，姜片、蒜瓣、葱花、八角各少许

调料： 陈醋3毫升，老抽4毫升，白糖2克，料酒7毫升，生抽10毫升，食用油适量

做法

1 处理干净的鸡翅上划上一字花刀，撒盐抹匀腌渍15分钟。

2 锅注油烧热，倒入鸡翅、姜片、蒜瓣、八角翻炒出香味。

3 淋入料酒、生抽、清水，倒入陈醋、老抽、白糖翻炒匀。

4 盖上锅盖，大火煮开转小火焖5分钟，大火收汁，盛出，撒上葱花即可。

啤酒鸡翅

⏱ 11分钟　　🍗 增强免疫力

原料： 鸡翅700克，啤酒150毫升，葱段5克，姜丝5克

调料： 老抽3毫升，生抽5毫升，盐2克，白糖2克，食用油适量

扫一扫看视频

做法

1 取一个大碗，倒入鸡翅，注入开水，浸泡10分钟，捞出沥干待用。

2 锅注油烧热，倒入鸡翅煎出香味，倒入姜丝、葱段、啤酒。

3 加入老抽、生抽、盐、白糖，搅匀调味。

4 盖上锅盖，烧开后转中火焖10分钟至熟透，大火收汁，盛出装入盘中。

红烧冰糖鸡翅

🕐 8分钟　🥘 益气补血

原料： 鸡翅300克，姜片、蒜末、葱段各少许

调料： 冰糖25克，老抽2毫升，料酒3毫升，生抽5毫升，食用油适量

做法

1 煎锅倒油，烧至四成热，倒入洗净的鸡翅，用中火煎出香味，再翻转鸡翅，用小火煎约1分钟。

2 撒上姜片、蒜末、葱段炒出香味，倒入冰糖炒香，淋入料酒炒至糖分溶化。

3 加入老抽、生抽，炒匀，注入适量清水，拌匀。

4 用中火煮约5分钟，至鸡翅熟透，盛出煮好的鸡翅即可。

香辣鸡翅

🕐 3分钟　🥘 增强免疫力

原料： 鸡翅270克，干辣椒15克，蒜末、葱花各少许

调料： 盐3克，生抽3毫升，白糖、料酒、辣椒油、辣椒面、食用油各适量

做法

1 鸡翅加1克盐、1毫升生抽、白糖、料酒，拌匀，腌渍15分钟。

2 锅注油烧热，放入鸡翅拌匀，用小火炸约3分钟，捞出。

3 锅底留油烧热，倒入蒜末、干辣椒爆香，放入鸡翅、料酒炒香，加入2毫升生抽炒匀。

4 倒入辣椒面炒香，淋入辣椒油炒匀，加入2克盐、葱花炒出葱香味，盛出即可。

扫一扫看视频

鸡爪

鸡爪，是鸡的脚爪，可供食用。在南方，鸡爪可是一道上档次的名菜，其烹饪方法也较多样。鸡爪含蛋白质、糖类、维生素A、钠、钾、磷、钙、硒等营养成分。鸡爪能软化和保护血管，有降低人体中血脂和胆固醇的作用。鸡爪还能增强皮肤张力，有助于消除皱纹。

扫一扫看视频

卤鸡爪

⏱ 22分钟　　🫕 美容养颜

原料： 鸡爪700克，八角3个，桂皮2片，干辣椒3克，茴香5克，花椒8克，姜片少许

调料： 盐、白糖各1克，老抽2毫升，料酒3毫升

做法

1 沸水锅中倒入洗净的鸡爪，汆煮至去除腥味，掠去浮沫。

2 捞出汆好的鸡爪，放入凉水中收紧表皮。

3 另起锅注水，放入八角、桂皮、干辣椒、茴香、花椒、姜片、老抽、白糖、料酒、盐拌匀。

4 放入鸡爪煮开，加盖，转小火卤20分钟至鸡爪熟软入味，盛出即可。

扫一扫看视频

无骨泡椒凤爪

⏱ 190分钟　🤚 降低血压

原料： 鸡爪230克，朝天椒15克，泡小米椒50克，泡椒水300毫升，姜片、葱结各适量

调料： 料酒3毫升

做法

1 锅中注水烧开，倒入葱结、姜片、料酒、鸡爪，中火煮约10分钟，捞出。

2 把放凉后的鸡爪割开，剥取鸡爪肉，剁去爪尖。

3 把泡小米椒、朝天椒放入泡椒水中，放入鸡爪，用手按入水中，封上一层保鲜膜，静置约3小时。

4 撕开保鲜膜，夹入盘中，点缀上朝天椒与泡小米椒即可。

扫一扫看视频

芡实苹果鸡爪汤

⏱ 45分钟　🤚 美容养颜

原料： 鸡爪6只，苹果1个，芡实50克，花生15克，蜜枣1颗，胡萝卜丁100克

调料： 盐3克

做法

1 锅中注水烧开，倒入洗净去甲的鸡爪，焯煮约1分钟，捞出，放入凉水中待用。

2 砂锅注入清水，倒入泡好的芡实、鸡爪，放入胡萝卜、蜜枣、花生拌匀。

3 盖上盖，用大火煮开后转小火续煮30分钟至食材熟软。

4 揭盖，倒入切好的苹果拌匀，盖上盖，续煮10分钟，揭盖，加入盐拌匀，盛出即可。

鸡脆骨

鸡脆骨，别名掌中宝、鸡脆，是指鸡关节处一块脆骨，其色泽浅黄，略带一点肉，如同指甲大小，口感爽脆。其富含蛋白质、维生素、矿物质等营养物质。鸡脆骨中含有钙，可为人体补充钙质，增加骨密度，预防骨质疏松。其还含有胶原蛋白，这是一种很好的营养物质，具有延缓衰老、美容和抗癌的作用。

扫一扫看视频

泡椒鸡脆骨　⏱3分钟　🫧开胃消食

原料： 鸡脆骨120克，泡小米椒30克，姜片、蒜末、葱段各少许

调料： 料酒5毫升，盐2克，生抽3毫升，老抽3毫升，豆瓣酱7克，鸡粉2克，水淀粉10毫升，食用油适量

做法

1 锅中注水烧开，倒入鸡脆骨，加入2毫升料酒、1克盐拌匀，煮约半分钟，捞出。

2 用油起锅，倒入姜片、葱段、蒜末爆香，放入鸡脆骨炒匀，淋入3毫升料酒。

3 加入生抽、老抽，倒入泡小米椒，炒出香味，放入豆瓣酱，炒出辣味。

4 加入1克盐、鸡粉、清水炒匀，略煮至食材入味，倒入水淀粉勾芡，盛出即可。

扫一扫看视频

椒盐鸡脆骨

🕐 6分钟　　🍖 补钙

原料： 鸡脆骨200克，青椒20克，红椒15克，蒜苗25克，花生米20克，蒜末、葱花各少许

调料： 料酒6毫升，盐2克，生粉6克，生抽4毫升，五香粉4克，鸡粉2克，胡椒粉3克，芝麻油6毫升，辣椒油5毫升，食用油适量

做法

1 洗好的蒜苗切段；洗净的红椒、青椒切块；水烧开，倒入鸡脆骨、料酒、盐略煮，捞出，加入生抽、生粉拌匀，腌渍约10分钟。

2 油烧热，倒花生米炸好捞出，再倒入鸡脆骨炸好捞出；油锅倒入蒜末、青椒、红椒、蒜苗。

3 炒至变软，撒上五香粉炒香，倒入鸡脆骨。

4 加入盐、鸡粉、胡椒粉、芝麻油、辣椒油、葱花炒出葱香味，盛出即可。

扫一扫看视频

双椒炒鸡脆骨

🕐 3分钟　　🍖 补钙

原料： 鸡脆骨200克，青椒30克，红椒15克，姜片、蒜末、葱段各少许

调料： 料酒4毫升，盐2克，生抽3毫升，豆瓣酱7克，鸡粉2克，水淀粉4毫升，食用油适量

做法

1 洗净的青椒、红椒去子，切小块。

2 锅注水烧开，加入2毫升料酒、1克盐、鸡脆骨，略煮，捞出鸡脆骨。

3 用油起锅，倒入姜片、蒜末爆香，倒入鸡脆骨、2毫升料酒、生抽、豆瓣酱炒出香味。

4 倒入青椒、红椒炒至变软，注水，加入1克盐、鸡粉炒匀，用水淀粉勾芡，撒上葱段炒出香味，盛出即可。

鸭肉

鸭，又名凫、扁嘴娘，是我国农村普遍饲养的主要家禽之一，用它做出的美味有很多，比如北京烤鸭、南京板鸭、江南香酥鸭等，均是各种宴会的名菜。鸭肉含有蛋白质、糖类、维生素A、B族维生素、钾、磷、钠、铁、脂肪等营养物质。中医认为，鸭肉具有滋五脏之阴、清虚劳之热、补血行水、养胃生津、止咳息惊等功效。

扫一扫看视频

蒜薹炒鸭片

⏱ 2分钟　　🍖 增强免疫力

原料： 鸭肉150克，蒜薹120克，彩椒30克，姜片、葱段各少许

调料： 盐、鸡粉、白糖各少许，生抽、料酒、水淀粉、食用油各适量

做法

1 洗净的蒜薹切成长段；洗好的彩椒切条；处理干净的鸭肉切成小块。

2 鸭肉加入生抽、料酒、水淀粉拌均匀，倒油，腌渍15分钟至其入味。

3 水烧开，加油、盐、彩椒、蒜薹煮断生，捞出。

4 用油起锅，倒入姜片、葱段爆香，倒入鸭肉炒至变色，淋入料酒炒香，倒入焯过水的食材炒均匀，加入盐、白糖、鸡粉、生抽、水淀粉快速翻炒均匀即可。

山药酱焖鸭

⏱ 50分钟　🍲 保肝护肾

扫一扫看视频

原料： 鸭肉块400克，山药250克，黄豆酱20克，姜片、葱段、桂皮、八角各少许，绍兴黄酒70毫升

调料： 盐、鸡粉各2克，白糖少许，水淀粉、食用油各适量

做法

1 去皮洗净的山药切滚刀块；鸭肉块入沸水锅中煮约2分钟，汆去血渍，捞出。

2 用油起锅，倒入八角、桂皮、姜片，大火爆香，放入鸭肉块炒匀。

3 倒入黄豆酱、生抽、绍兴黄酒、清水煮至沸，加入盐，小火焖约35分钟。

4 倒入山药，小火续煮约10分钟，加入鸡粉、白糖、葱段炒香，用水淀粉勾芡，盛出即可。

酱鸭子

🕐 37分钟 🥘 清热解毒

原料： 鸭肉650克，八角、桂皮、香葱、姜片各少许

调料： 甜面酱10克，料酒5毫升，生抽10毫升，老抽5毫升，白糖3克，盐3克，食用油适量

做法

1 鸭肉上抹上老抽、甜面酱，里外两面均匀抹上，腌渍两个小时至入味。

2 油烧热，放入鸭肉煎出香味，煎时翻一下，煎至两面微黄，盛出。

3 锅底留油，倒入八角、桂皮、姜片、香葱、水、生抽、老抽、料酒、白糖、盐搅匀。

4 放入鸭肉，煮开后转小火煮35分钟，盛出鸭肉，斩成块状装盘，浇上汤汁即可。

扫一扫看视频

茭白烧鸭块

⏱ 37分钟　🖐 增强免疫力

原料： 鸭肉500克，青椒、红椒各50克，茭白50克，五花肉100克，陈皮5克，香叶2克，八角1个，沙姜2克，生姜、蒜头各10克，葱段6克，冰糖15克

调料： 盐、鸡粉各1克，料酒5毫升，生抽10毫升，食用油适量

做法

1 洗净的生姜切厚片；洗好的红椒、青椒切圈；洗好的茭白切滚刀块；五花肉切片。

2 用油起锅，倒入姜片、蒜头爆香，放鸭肉炒香，倒入葱段、五花肉、生抽、料酒、陈皮、香叶、八角、沙姜、冰糖炒至香味析出。

3 倒入茭白炒匀，注水，调入盐，煮开后转小火焖30分钟至入味，倒入青、红椒炒匀。

4 加入鸡粉、生抽炒匀入味，盛出即可。

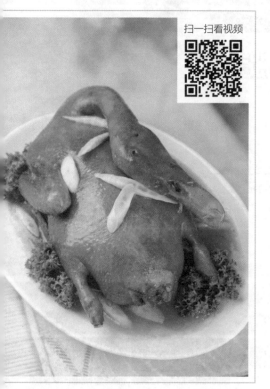

扫一扫看视频

红扒秋鸭

⏱ 62分钟　🖐 益气补血

原料： 鸭肉2000克，笋片160克，葱条、姜片、桂皮、八角、丁香、草果各适量

调料： 盐3克，鸡粉2克，老抽2毫升，料酒6毫升，生抽、水淀粉、食用油各适量

做法

1 将洗净的鸭肉斩去鸭爪，鸭肉装入盘中，淋入适量生抽抹匀，再腌渍约20分钟。

2 锅注油烧热，放入鸭肉，用中小火炸约3分钟，捞出。

3 用油起锅，放入葱条、姜片爆香，注水，倒入桂皮、八角、丁香、草果、鸭肉、鸡粉、盐、老抽、料酒，烧开后用小火卤约1小时，盛出，装入盘中。

4 锅中留卤汁加热，放入笋片、水淀粉拌匀，煮至笋片熟透，浇在鸭肉上即成。

腊鸭

腊鸭，由鸭肉制成，分为烟熏和风干两种，制作工艺与腊肉相同，湘西的一般是熏制成棕色，而湖北的通常是发白、风干。传统手工艺制作的腊鸭，一般采用日晒方式进行脱水。其腊香味美，鸭味浓厚，含有丰富的脂肪、矿物质、蛋白质，可增进食欲、增强体魄。

扫一扫看视频

韭菜花炒腊鸭腿

🕐 1分36秒　　😋 开胃消食

原料： 腊鸭腿1只，韭菜花230克，蒜末少许
调料： 盐2克，鸡粉2克，料酒4毫升，食用油适量

做法

1 将洗净的韭菜花切成段；腊鸭腿斩件，再斩成丁。

2 锅中注水烧开，倒入鸭腿煮沸，余去多余盐分，捞出。

3 用油起锅，放入蒜末，大火爆香，加入鸭腿肉炒匀。

4 倒入韭菜花炒至熟软，放盐、鸡粉、料酒炒匀，盛出即可。

扫一扫看视频

香芋焖腊鸭

🕐 27分钟　　🍚 益气补血

原料： 芋头300克，腊鸭400克，椰汁50
毫升，红椒、葱段、姜片、蒜末各少许

调料： 白糖3克，料酒、食用油各适量

做法

1 锅注油烧热，倒入芋头，炸约1分钟
至其呈微黄色，捞出。

2 锅中注水，倒入腊鸭、白糖、料酒煮
约3分钟，捞出。

3 用油起锅，倒入姜片、葱段、蒜末爆
香，放入腊鸭、料酒炒匀，倒入清
水、椰汁，放入芋头、白糖拌匀。

4 用小火焖20分钟，放入红椒煮约1分
钟至食材入味即可。

扫一扫看视频

湘味蒸腊鸭

🕐 17分30秒　　🍚 开胃消食

原料： 腊鸭块220克，辣椒粉10克，豆豉
20克，蒜末、葱花各少许

调料： 生抽3毫升，食用油适量

做法

1 锅注油烧热，倒入腊鸭块拌匀，用中
火炸出香味，捞出。

2 用油起锅，倒入蒜末、豆豉爆香，放
入辣椒粉炒出辣味，注水煮沸，淋上
生抽，调成味汁。

3 取一盘，放入腊鸭块，盛出味汁浇在
盘中。

4 蒸锅烧开，放入蒸盘，盖上盖，用中
火蒸约15分钟，取出蒸盘，趁热撒上
葱花即可。

鸭血

鸭血为家鸭的血液，以取鲜血为好。鸭血富含铁、钙等各种矿物质，营养丰富。其味咸，性寒，能补血、解毒，主治劳伤吐血、贫血虚弱、药物中毒。用于失血血虚，可以取鲜血趁热饮，或冲入热酒服用。

扫一扫看视频

鸭血虾煲

🕐 10分钟　　🍖 益气补血

原料: 鸭血150克，豆腐100克，基围虾150克，姜片、蒜末、葱花各少许

调料: 盐少许，鸡粉2克，料酒4毫升，生抽3毫升，水淀粉5毫升，食用油适量

做法

1 洗净的豆腐、鸭血切成块；洗净的基围虾切去虾须、虾脚，再切开背部。

2 水烧开，加入食用油、盐、豆腐块搅散，放入鸭血略煮，豆腐、鸭血捞出；油烧热，放入基围虾炸至变色，捞出。

3 锅留油，放入蒜末、姜片、基围虾、料酒、豆腐、鸭血、清水、鸡粉、盐炒匀，加生抽略煮，倒入水淀粉拌匀。

4 盛入砂锅中，煮3分钟，撒上葱花即可。

麻辣鸭血

⏱ 5分钟　🍖 补铁

原料： 鸭血300克，姜末、蒜末、葱花各少许

调料： 盐2克，鸡粉2克，生抽7毫升，陈醋8毫升，花椒油6毫升，辣椒油12毫升，芝麻油5毫升

做法

1 洗好的鸭血切开，改切成小方块。

2 锅中注入适量清水烧开，倒入鸭血拌匀，煮2分钟，捞出，放入碗中。

3 取一碗，放入盐、鸡粉、生抽、陈醋、花椒油、姜末、蒜末、葱花。

4 加入辣椒油、芝麻油，调成味汁，浇在鸭血上即成。

鸭胗

鸭胗即鸭胃，形状扁圆，用它做出来的美味肉质紧密，紧韧耐嚼，滋味悠长，无油腻感，是老少皆喜爱的佳肴珍品。其富含糖类、蛋白质、脂肪、烟酸、维生素C、维生素E和钙、镁、铁、钾、磷、钠、硒等矿物质，又因铁元素含量较丰富，食用后有助于预防贫血，女性可以适当多食用一些。中医认为，鸭胗味甘，性平、咸，有健胃之效。

扫一扫看视频

雪里蕻炒鸭胗

🕐 22分钟　　🍲 开胃消食

原料： 鸭胗240克，雪里蕻150克，葱条、八角、姜片各少许
调料： 料酒16毫升，盐3克，鸡粉2克，食用油适量

做法

1 锅中注水烧热，倒入鸭胗、姜片、葱条、八角、8毫升料酒、1克盐搅匀调味，烧开后用中火煮约20分钟，捞出放凉。

2 洗净的雪里蕻切碎；鸭胗切片。

3 用油起锅，倒入雪里蕻梗炒均匀，倒入叶子部分炒软。

4 倒入鸭胗炒出香味，加入2克盐、鸡粉、8毫升料酒翻炒片刻，盛出装盘即可。

扫一扫看视频

荷兰豆炒鸭胗

🕐 2分钟　🍽 健胃消食

原料： 荷兰豆170克，鸭胗120克，彩椒30克，姜片、葱段各少许

调料： 盐3克，鸡粉2克，料酒4毫升，白糖4克，水淀粉适量

做法

1 洗净的彩椒切成细丝；洗好的鸭胗去除油脂、筋膜，切上花刀，再切成小块，加入1克盐、2毫升料酒、水淀粉腌渍。

2 沸水锅中加油，放入彩椒、荷兰豆，焯水捞出，倒入鸭胗汆水捞出。

3 起油锅，爆香姜片、葱段，放入鸭胗、2毫升料酒炒匀，倒入荷兰豆、彩椒炒匀。

4 加入2克盐、鸡粉、白糖、水淀粉，翻炒匀至食材入味，盛出即可。

扫一扫看视频

洋葱炒鸭胗

🕐 2分30秒　🍽 增强免疫力

原料： 鸭胗170克，洋葱80克，彩椒60克，姜片、蒜末、葱段各少许

调料： 盐3克，鸡粉3克，料酒5毫升，蚝油5毫升，生粉、水淀粉、食用油各适量

做法

1 彩椒、洋葱均洗净切小块；鸭胗洗净切上花刀，再切小块，加入2毫升料酒、1克盐、1克鸡粉、生粉腌渍约10分钟。

2 锅注水烧开，倒入鸭胗汆水捞出。

3 用油起锅，爆香姜片、蒜末、葱段，放入鸭胗、3毫升料酒炒香，倒入洋葱、彩椒炒至熟软。

4 加入2克盐、2克鸡粉、蚝油炒匀，淋入清水，倒入水淀粉拌炒片刻即可。

鸭肠

鸭肠是鸭的肠，鸭杂的一部分，含有丰富的营养成分，对机体代谢和器官功能的维护有重要作用，可以做成多种美味菜肴。其含有蛋白质、B族维生素、维生素C、维生素A和视黄醇、钾、钠、钙、铁等营养物质，对人体新陈代谢，神经、心血管、消化和视觉等系统的维护都有良好的作用，还能提高免疫力。

彩椒炒鸭肠

🕐 2分钟　　🍽 降压降糖

原料： 鸭肠70克，彩椒90克，姜片、蒜末、葱段各少许
调料： 豆瓣酱5克，盐、鸡粉各少许，生抽3毫升，料酒、水淀粉、食用油各适量

做法

1 将洗净的彩椒切成粗丝；洗好的鸭肠切成段，加入盐、鸡粉、料酒、水淀粉搅匀，腌渍约10分钟。

2 锅注水烧开，倒入鸭肠煮约1分钟，捞出。

3 用油起锅，放入姜片、蒜末、葱段爆香，倒入鸭肠炒匀，淋入料酒炒透，加入生抽炒匀，倒入彩椒丝炒至断生。

4 注水，加入鸡粉、盐、豆瓣酱炒入味，倒入水淀粉勾芡，盛出即成。

空心菜炒鸭肠

 2分30秒　 清热解毒

扫一扫看视频

原料： 空心菜梗300克，鸭肠200克，彩椒片少许
调料： 盐2克，鸡粉2克，料酒8毫升，水淀粉4毫升，水淀粉适量

做法

1 洗好的空心菜切成小段；处理干净的鸭肠切成小段。

2 锅中注水烧开，倒入鸭肠略煮一会儿，去除杂质，捞出。

3 热锅注油，倒入彩椒片、空心菜炒片刻，倒入鸭肠。

4 加入盐、鸡粉、料酒、水淀粉翻炒片刻，至食材入味，盛出即可。

鸭心

鸭心是鸭的心脏，鸭杂之一，色紫红、呈锥形、质韧，外表附有油脂和筋络。其含有蛋白质、糖类、脂肪、维生素A、维生素E、视黄醇、核黄素、维生素B_3、钙、磷、钾、钠等营养成分，能有效改善脚气病、神经炎和多种炎症，有抗衰老、补心安神、镇静降压、理气舒肝之效。

扫一扫看视频

陈皮焖鸭心

🕐 17分钟　🍽 开胃消食

原料： 鸭心200克，醪糟100克，陈皮5克，花椒、干辣椒、姜片、葱段各少许
调料： 料酒10毫升，盐2克，鸡粉2克，蚝油3毫升，水淀粉4毫升，食用油适量

做法

1 锅中注入清水烧开，倒入洗好的鸭心略煮，淋入5毫升料酒，汆去血水，捞出鸭心。

2 锅注油，倒入姜片、葱段爆香，放入鸭心、5毫升料酒、花椒、干辣椒炒出香味。

3 倒入陈皮、醪糟、清水、盐、蚝油炒匀，小火焖15分钟至其熟软。

4 加入鸡粉，倒入水淀粉勾芡，倒入葱段炒出香味，盛出即可。

葱爆鸭心

扫一扫看视频

🕐 2分30秒　🍽 开胃消食

原料： 鸭心350克，红椒25克，葱条40克，姜片少许

调料： 盐2克，鸡粉3克，料酒7毫升，生抽2毫升，水淀粉6毫升，白糖、食用油各适量

做法

1 洗好的葱条切长段；洗净的红椒去子，用斜刀切块；洗好的鸭心去除油脂，切网格花刀，再切成片。

2 鸭心加盐、1克鸡粉、3毫升料酒、水淀粉拌匀，注入食用油拌匀，腌渍约10分钟。

3 用油起锅，倒入姜片爆香，放入葱白、鸭心翻炒匀，倒入红椒、葱叶炒香。

4 加入白糖、4毫升料酒、生抽、2克鸡粉拌炒至食材入味，盛出即可。

酸萝卜炒鸭心

扫一扫看视频

🕐 3分钟　🍽 养心润肺

原料： 鸭心180克，酸萝卜200克，彩椒20克，葱段少许

调料： 盐、鸡粉、白糖各2克，料酒、水淀粉各少许，食用油适量

做法

1 洗好的酸萝卜切成条形；洗净的彩椒切条形；洗好的鸭心去除油脂，切成片，加入盐、料酒、水淀粉拌匀，腌渍10分钟。

2 锅注入水烧开，倒入酸萝卜煮去酸味，放入彩椒、食用油拌匀，捞出。

3 起油锅，倒入鸭心炒均匀，淋入料酒炒匀，放入葱段炒香，倒入焯过水的材料炒匀。

4 加入白糖、鸡粉炒至其入味，盛出炒好的菜肴，摆好盘即可。

鸭舌

鸭舌即鸭的舌头，其肉嫩鲜美，对人体生长发育和智力提升有一定的作用，因产量低，所以市售价格高。鸭舌含有蛋白质、视黄醇、维生素A、维生素E、钾、钠、钙等营养物质，有温中益气、补虚填精、增强体力、强壮身体、健脾胃、活血脉、强筋骨、延缓老年人智力衰退的功效。

扫一扫看视频

椒盐鸭舌

⏱ 1分钟　🍲 开胃消食

原料： 鸭舌200克，青椒40克，红椒40克，蒜末、辣椒粉、花椒粉、葱花各少许

调料： 盐4克，鸡粉2克，生抽5毫升，生粉20克，料酒10毫升

 做法

1 洗净的红椒、青椒均切开，去子，再切成粒，待用。

2 锅中注水烧开，倒入鸭舌，放入料酒、2克盐搅拌匀，氽去血水，捞出。

3 鸭舌放入生抽、生粉拌均匀；油烧热，倒入鸭舌炸至金黄色，捞出。

4 锅底留油，放入蒜末、葱花、辣椒粉、花椒粉爆香，倒入红椒、青椒炒匀，加入2克盐、鸡粉、鸭舌炒至熟透入味即可。

辣炒鸭舌

⏱ 1分30秒　☁ 增强免疫力

原料： 鸭舌180克，青椒45克，红椒45克，姜末、蒜末、葱段各少许

调料： 料酒18毫升，生抽10毫升，生粉10克，豆瓣酱10克，食用油适量

做法

1 洗净的红椒、青椒切块；水烧开，倒入鸭舌、9毫升料酒，汆去血水，捞出。

2 鸭舌装碗，放入5毫升生抽、生粉拌均匀；油烧热，倒入鸭舌炸至金黄色，捞出。

3 用油起锅，放入姜末、蒜末、葱段爆香，倒入青椒、红椒翻炒片刻。

4 放入鸭舌、豆瓣酱、5毫升生抽、9毫升料酒炒片刻，至其入味，盛出炒好的鸭舌即可。

鸽肉

人类养鸽历史悠久，而肉用鸽是近年兴起的特种养禽之一，素有"无鸽不成宴，一鸽胜九鸡"之说。鸽肉富含蛋白质、糖类、烟酸、核黄素、钾、磷、钠、镁、钙、脂肪等营养元素，具有大补功能，民间称鸽子为"甜血动物"，有解毒、补肾壮阳、缓解神经衰弱之功效，还可使皮肤变得白嫩、细腻，增强皮肤弹性，使面色红润。

扫一扫看视频

黄精海参炖乳鸽

🕐 62分钟　　😋 美容养颜

原料： 乳鸽700克，海参150克，枸杞5克，黄精10克
调料： 盐1克，料酒10毫升

做法

1 洗净的海参去掉内脏，切去头尾，再对半切开。

2 锅中注水烧开，放入处理干净的乳鸽，汆去血水，捞出。

3 砂锅注水，放入黄精、枸杞、乳鸽、海参、5毫升料酒拌匀。

4 用大火煮开后转小火炖1小时，加入5毫升料酒、盐拌匀入味，盛出即可。

扫一扫看视频

四宝乳鸽汤

⏱ 110分钟　🍲 美容养颜

原料： 山药块200克，白果30克，水发香菇50克，乳鸽肉200克，姜片、枸杞、葱段各少许，高汤适量

调料： 鸡粉2克，盐2克，料酒适量

做法

1 锅注水烧开，放入洗净的乳鸽肉，煮5分钟，汆去血水，捞出后过冷水。

2 另起锅，注入高汤烧开，加入乳鸽肉、白果、香菇片、姜片、葱段、山药块、料酒拌匀。

3 煮开后调至中火，煮1.5小时至食材熟透，放入适量枸杞、鸡粉、盐搅拌均匀，至食材入味。

4 再煮10分钟，将煮好的汤料盛出即可。

扫一扫看视频

五彩鸽丝

⏱ 6分钟　🍲 保肝护肾

原料： 鸽子肉700克，青椒20克，红椒10克，芹菜60克，去皮胡萝卜45克，去皮莴笋30克，冬笋40克，姜片少许

调料： 盐2克，鸡粉1克，料酒、水淀粉各少许，食用油适量

做法

1 鸽子处理干净，取肉切条；青、红椒去子切条；莴笋切丝；芹菜切段；冬笋、胡萝卜切条；鸽肉加1克盐、料酒、水淀粉腌渍。

2 冬笋条倒入沸水锅，焯水，捞出；倒胡萝卜煮至断生，捞出。

3 起油锅，放入鸽肉、姜片、料酒，放入红椒条、青椒条、莴笋、芹菜、胡萝卜、冬笋，炒匀，加料酒、1克盐。

4 放入鸡粉炒匀，用水淀粉勾芡即可。

鹌鹑

俗话说："要吃飞禽，鸽子鹌鹑"。鹌鹑肉味道鲜美，营养丰富，是典型的高蛋白、低脂肪、低胆固醇食物，被誉为"动物人参"。其含蛋白质、维生素B_1、维生素B_2、维生素P、铁、矿物质、脂肪、卵磷脂等营养成分，可缓解动脉硬化、营养不良、体虚乏力、贫血头晕、肾炎水肿、泻痢、高血压、肥胖、动脉硬化等症。

扫一扫看视频

红烧鹌鹑

⏱ *18分钟* 🧠 降低血压

原料： 鹌鹑肉300克，豆干200克，胡萝卜90克，花菇、姜片、葱条、蒜头、香叶、八角各少许

调料： 料酒、生抽各6毫升，盐、白糖各2克，老抽、水淀粉、食用油各适量

做法

1 洗好的葱条切段；洗净的蒜头切块；洗好去皮的胡萝卜切块；洗净的花菇切成小块；豆干切成三角块。

2 用油起锅，放入蒜头炒香，加入姜片、葱条，放入鹌鹑肉炒变色，淋入料酒，加入生抽、香叶、八角、清水、盐、白糖、老抽。

3 倒入胡萝卜、花菇、豆干炒匀，烧开后用小火焖约15分钟。

4 倒入水淀粉拌匀，煮至浓稠，盛出即可。

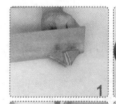

PART 04 嫩滑鲜香的水产海鲜

　　山中走兽云中燕，腹地牛羊海底鲜，这大千世界，食材众多，该如何取舍？简单，如果要求食材鲜香滑嫩、滋补养生，还有什么能够比得上水产海鲜的呢。本章就带你一起玩转各种水产海鲜，让你轻松学烹饪，快乐享美味。

草鱼

草鱼生长迅速，饲料来源广，性活泼，游泳迅速，常成群觅食，为典型的草食性鱼类，是中国淡水养殖的四大家鱼之一。其富含蛋白质、脂肪、钙、磷、硒、铁、维生素A、B族维生素、维生素C等营养物质。中医认为，草鱼肉性温味甘，无毒，有补脾暖胃、补益气血、平肝祛风的功效。

扫一扫看视频

菊花草鱼

⏱ 7分钟　　🍽 开胃消食

原料： 草鱼900克，西红柿100克，葱花少许

调料： 盐2克，白糖2克，生粉5克，水淀粉5毫升，料酒4毫升，番茄酱、食用油各适量

做法

1 洗净的西红柿切成丁；草鱼去骨取肉，切一字刀，再垂直切一字刀。

2 鱼肉装碗，加入盐、料酒拌匀，腌渍10分钟，加入生粉拌匀，备用。

3 鱼肉入油锅炸至金黄色，捞出；另起锅，注油烧热，放入西红柿、番茄酱炒约4分钟至食材出汁。

4 加入水、盐、白糖、水淀粉，制成酱汁，浇在鱼肉上，点缀上葱花即可。

扫一扫看视频

扫一扫看视频

香辣水煮鱼

⏱ 5分钟　🍵 清热解毒

原料： 净草鱼850克，绿豆芽100克，干辣椒、蛋清、花椒、姜片、蒜末、葱段各适量

调料： 豆瓣酱15克，盐、鸡粉各少许，料酒3毫升，生粉、食用油各适量

做法

1 草鱼骨切大块；鱼肉切片，加入盐、蛋清、生粉拌匀，腌渍约10分钟。

2 鱼骨用中小火炸约2分钟，捞出。

3 起油锅，放入姜片、蒜末、葱段、豆瓣酱、鱼骨炒匀，注水，加鸡粉、料酒、绿豆芽煮至熟，捞出装碗；汤汁煮沸，放鱼肉片煮熟，倒入汤碗中。

4 锅注油烧热，放入干辣椒、花椒用中小火炸约1分钟，盛入汤碗中即成。

麻辣香水鱼

⏱ 5分30秒　🍵 增强免疫力

原料： 草鱼400克，大葱40克，香菜、泡椒、酸泡菜、姜片、干辣椒、蒜末、葱花各适量

调料： 盐、鸡粉各少许，水淀粉、生抽、豆瓣酱、白糖、料酒、食用油各适量

做法

1 香菜、大葱切段；泡椒切碎；鱼头斩块，骨切段，加盐、鸡粉、水淀粉腌渍；鱼肉切片，加盐、鸡粉、料酒、水淀粉、油腌渍；起油锅，放姜片、蒜末、干辣椒。

2 加大葱段、泡椒、酸泡菜、水煮沸，加豆瓣酱、盐、鸡粉、白糖、鱼骨、鱼头略煮，装碗；原汤加入鱼片、生抽。

3 煮约1分钟，将鱼片盛入碗中。

4 放入香菜、葱花、花椒、热油即可。

扫一扫看视频

辣子鱼块

⏱ 3分钟　🍲 美容养颜

原料： 草鱼尾200克，青椒40克，胡萝卜90克，鲜香菇40克，泡小米椒、姜片、蒜末、葱段各适量

调料： 盐、鸡粉各2克，陈醋10毫升，白糖4克，生抽5毫升，水淀粉8毫升，豆瓣酱15克，生粉、食用油各适量

做法

1 泡小米椒切碎；洗净的胡萝卜切片；洗好的青椒去子，切块。

2 洗净的香菇切成块；洗好的草鱼切块，加入2毫升生抽、1克鸡粉、1克盐、生粉拌匀。

3 热锅注油，烧至六成热，放入鱼块炸至金黄色，捞出。

4 锅底留油，放入姜片、蒜末、泡小米椒、胡萝卜、鲜香菇、豆瓣酱炒香。

烹饪小提示

鱼肉易熟，在油炸的时候温度不要太高，时间也不要太长，以免炸煳。

5 放入鱼、水、3毫升生抽、陈醋、1克盐、白糖、1克鸡粉、青椒、水淀粉，炒匀，盛出放葱段即可。

咸菜草鱼

🕐 6分钟 ☁ 增进食欲

扫一扫看视频

原料： 草鱼肉260克，大头菜100克，姜丝、葱花各少许

调料： 盐2克，生抽3毫升，料酒4毫升，水淀粉、食用油各适量

做法

1 将洗净的大头菜切成菱形块；洗好的草鱼肉切长方块。

2 煎锅淋入食用油烧热，撒上姜丝，爆香，放入鱼块，用小火煎出香味。

3 翻动鱼块，煎至鱼块两面断生，放入大头菜、料酒、清水、盐、生抽。

4 中火煮约3分钟，倒入水淀粉炒至汤汁收浓，盛出装盘，撒上葱花即可。

福寿鱼

福寿鱼又名非洲鲫、罗非鱼，是一种中小形鱼，原产于非洲，和鲈鱼相似，被誉为"未来动物性蛋白质的主要来源之一"。其主要含有蛋白质、脂肪、钙、磷、铁、B族维生素等营养物质。罗非鱼能促进生长发育，还可以预防心血管疾病。

扫一扫看视频

酸笋福寿鱼

🕐 26分钟　　🍲 开胃消食

原料： 福寿鱼700克，酸笋150克，朝天椒、姜片、香菜叶各少许

调料： 盐2克，鸡粉2克，生抽、老抽、料酒各5毫升，蚝油5毫升，水淀粉、食用油各适量

做法

1 洗好的酸笋切片；洗净的朝天椒切圈。

2 洗好的福寿鱼去鳞，洗净，切一字刀。

3 用油起锅，放入姜片爆香，放入福寿鱼，略煎至散出香味，倒入酸笋、朝天椒、清水、盐、料酒、生抽、老抽拌匀，煮约20分钟，加入鸡粉、蚝油拌匀，略煮片刻，盛出煮好的鱼，装入盘中，待用。

4 往锅中倒入水淀粉勾芡，淋在鱼身上，点缀上香菜叶即可。

豉香福寿鱼

⏱ 13分钟   🍲 补钙

原料： 福寿鱼700克，葱丝、姜丝、红椒丝各少许
调料： 蒸鱼豉油10毫升，食用油适量

做法

1 在处理洗净的福寿鱼背部切一字刀，放入备好的盘中，放上姜丝，待用。

2 蒸锅注水烧开，放入福寿鱼，用大火蒸10分钟至其熟透，取出。

3 浇上蒸鱼豉油，放上备好的葱丝、姜丝、红椒丝。

4 另起锅，注入适量食用油烧热，将热油淋在鱼身上即可。

鲤鱼

鲤鱼是原产亚洲的温带性淡水鱼,其富含蛋白质、脂肪、维生素A、维生素B_1、维生素B_2、维生素C等营养物质。鲤鱼中蛋白质含量高,氨基酸组成与人体需求相近,易于被人体吸收。其还富含不饱和脂肪酸,常食能在一定程度上预防心血管疾病。中医认为,鲤鱼肉性平味甘,能健脾开胃、消肿利尿、止咳消肿、安胎通乳、清热解毒。

扫一扫看视频

糖醋鱼片

🕐 5分30秒　　健脾止泻

原料: 鲤鱼550克,鸡蛋1个,葱丝少许
调料: 番茄酱30克,盐2克,白糖4克,白醋12毫升,生粉、水淀粉、食用油各适量

做法

1 处理干净的鲤鱼切开,取鱼肉,用斜刀切片,待用。

2 鸡蛋打入碗中,加入生粉、1克盐、清水、鱼片拌匀,腌渍一会儿,待用。

3 锅注油烧热,放入鱼片搅匀,用小火炸约3分钟,捞出。

4 锅注水烧热,加入1克盐、白糖、番茄酱、水淀粉,调成稠汁,浇在鱼片上,再点缀上葱丝即成。

扫一扫看视频

豆瓣酱烧鲤鱼

⏱ 12分钟　🤚 清热解毒

原料： 鲤鱼500克，青椒18克，红椒18克，葱末、姜末、蒜末各少许

调料： 鸡粉2克，料酒10毫升，豆瓣酱10克，生粉、食用油各适量

做法

1 洗净的青椒、红椒去子，切粒；处理好的鲤鱼上切一字花刀，均匀地抹上生粉。

2 锅中注入适量食用油，大火烧热，放入鲤鱼，炸至金黄色，捞出。

3 锅底留油，倒入姜末、蒜末，大火爆香，放入青椒、红椒、豆瓣酱炒均匀，注水，放入鲤鱼、料酒，焖10分钟，加入鸡粉拌匀，装入盘中。

4 锅中倒入水淀粉，拌均匀，盛出，浇在鱼身上即可。

扫一扫看视频

木瓜鲤鱼汤

⏱ 35分钟　🤚 美容养颜

原料： 鲤鱼800克，木瓜200克，红枣8克，香菜少许

调料： 盐、鸡粉各1克，食用油适量

做法

1 洗净的木瓜削皮，去子，切成块；洗好的香菜切大段。

2 热锅注油，放入处理干净的鲤鱼，稍煎2分钟至表皮微黄，盛出。

3 砂锅注水，放入鲤鱼，倒入切好的木瓜、红枣拌匀，用大火煮30分钟至汤汁变白。

4 倒入切好的香菜，加入盐、鸡粉搅拌至入味，盛出装碗即可。

鲫鱼

鲫鱼是主要以植物为食的杂食性鱼，喜群集而行，择食而居，肉质细嫩，肉味甜美，营养价值很高。其含有蛋白质、脂肪、磷、钙、铁、维生素A、B族维生素、维生素D、维生素E、卵磷脂等营养成分。鲫鱼肉能预防心血管疾病，还有强化骨质、预防贫血、催乳等功效。

扫一扫看视频

醋焖鲫鱼

⏱ 3分30秒　益气补血

原料： 净鲫鱼350克，花椒、姜片、蒜末、葱段各少许

调料： 盐3克，鸡粉少许，白糖3克，老抽2毫升，生抽5毫升，陈醋10毫升，生粉、水淀粉、食用油各适量

做法

1 处理干净的鲫鱼装入盘中，撒上1克盐、2毫升生抽拌匀，撒上生粉裹匀，腌渍一会儿。

2 油烧热，放鲫鱼，中火炸至呈金黄色，捞出。

3 锅底留油，放入花椒、姜片、蒜末、葱段爆香，注水，加入3毫升生抽、白糖、2克盐、鸡粉、陈醋煮约半分钟，放入鲫鱼、老抽，转小火煮约1分钟，盛出煮熟的鲫鱼，装入盘中。

4 锅中汤汁烧热，用水淀粉勾芡，调成味汁，浇在鱼身上即成。

酱烧啤酒鱼

🕐 15分钟　　🍲 增强免疫力

扫一扫看视频

原料： 鲫鱼300克，啤酒180毫升，黄豆酱25克，姜片、蒜片、葱段各少许
调料： 盐2克，鸡粉、白糖各3克，料酒、生抽、食用油各适量

做法

1 洗净的鲫鱼两面切上刀花，待用。

2 用油起锅，放入鲫鱼，煎约2分钟至两面呈金黄色，倒入姜片、蒜片、葱段，翻炒均匀。

3 淋入料酒、生抽、啤酒，大火煮约1分钟，放入黄豆酱、盐拌匀。

4 中火焖约10分钟，加入白糖、鸡粉，大火煮约1分钟收汁，盛出即可。

扫一扫看视频

肉桂五香鲫鱼

🕐 *13分钟*　🍴 *开胃消食*

原料： 净鲫鱼400克，桂圆肉10克，葱段、姜片、八角、肉桂各少许

调料： 盐3克，鸡粉2克，生抽4毫升，料酒7毫升，食用油适量

做法

1 处理干净的鲫鱼两面切上花刀，撒上1克盐、3毫升料酒抹匀，腌渍约15分钟。

2 用油起锅，放入鲫鱼，用小火煎至两面断生，撒上姜片、八角、葱段、肉桂，炒出香味。

3 注水略煮，倒入桂圆肉，用中小火煮约10分钟，加入2克盐、鸡粉、4毫升料酒、生抽。

4 转中火拌匀调味，再拣出八角、桂皮、葱段，装入盘中即可。

扫一扫看视频

扫一扫看视频

葱油鲫鱼

⏱ 6分30秒　🍲 增强免疫力

原料：净鲫鱼300克，葱条20克，红椒5克，姜片、蒜末各少许

调料：盐3克，鸡粉2克，生粉6克，生抽、老抽、水淀粉、食用油各适量

做法

1 洗好的葱条切成段，葱叶切成葱花；洗净的红椒去子，切细丝。

2 鲫鱼加生抽、1克盐、生粉拌匀，腌渍约10分钟，入油锅炸约2分钟，捞出。

3 锅留油，倒入葱梗炸软，捞出，爆香姜片、蒜末，加水、生抽、老抽、2克盐、鸡粉、鲫鱼，煮约4分钟，装盘。

4 余汤烧热，倒入水淀粉拌匀，浇在鱼身上，再点缀红椒丝、葱花即可。

麻辣豆腐鱼

⏱ 8分30秒　🍲 益气补血

原料：净鲫鱼300克，豆腐200克，醪糟汁、干辣椒、花椒、姜片、蒜末、葱花各适量

调料：盐2克，豆瓣酱7克，花椒粉、老抽各少许，生抽5毫升，陈醋8毫升，水淀粉、花椒油、食用油各适量

做法

1 洗净的豆腐切开，再切小方块。

2 起油锅，放入处理干净的鲫鱼煎至断生，放入干辣椒、花椒、姜片、蒜末。

3 倒入醪糟汁、清水、豆瓣酱、生抽、盐、花椒油拌匀略煮，放入豆腐、陈醋，小火焖煮约5分钟，装入盘中。

4 汤汁烧热，加老抽、水淀粉勾芡，浇在鱼身上，点缀上葱花、花椒粉即成。

生鱼

生鱼又名黑鱼，为淡水鱼，生性凶猛，能吃掉一些其他鱼类。生鱼还能在陆地上作短距离滑行，迁移到其他水域寻找食物，可以离水生活3天之久。它的肉质较粗老，但很有营养。生鱼富含蛋白质、脂肪、钙、磷、铁及多种维生素，有祛风治疳、补脾益气、利水消肿的功效，还可以催乳、补血。

扫一扫看视频

菜心炒鱼片

🕐 1分30秒　　🍲 清热解毒

原料： 菜心200克，生鱼肉150克，彩椒40克，红椒20克，姜片、葱段各少许

调料： 盐3克，鸡粉2克，料酒5毫升，水淀粉、食用油各适量

做法

1 洗净的菜心切去根部和多余的叶子；洗好的红椒、彩椒均切成小块；鱼肉切片，加1克盐、鸡粉、水淀粉拌匀，注油腌渍约10分钟。

2 锅注水烧开，加入1克盐、食用油、菜心煮约1分钟，捞出；锅注油烧热，倒入腌渍好的生鱼片，滑油至变色后捞出，沥干油。

3 锅留油，放姜片、葱段、红椒、彩椒、鱼片、料酒、鸡粉、1克盐、水淀粉炒入味。

4 取一盘子，放入焯煮好的菜心摆好，盛出锅中的鱼肉片，放在菜心上即成。

茄汁生鱼片

⏱ 4分钟　🍽 开胃消食

扫一扫看视频

原料：生鱼700克，香菜、蛋清各少许

调料：盐1克，白糖2克，醋1毫升，番茄酱适量，生粉、水淀粉各少许，食用油适量

做法

1 洗净的生鱼去掉鱼骨，将鱼肉斜刀切片；洗好的香菜切成小段。

2 鱼片中加入盐、蛋清，拌匀，腌渍15分钟至入味，加入生粉拌匀。

3 鱼片炸约2分钟至成金黄色；锅留底油，加入醋、白糖、番茄酱拌匀。

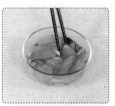

4 煮开后加入水淀粉勾芡，倒入鱼片炒至裹匀酱汁，盛出，撒上香菜段即可。

鲜笋炒生鱼片

🕐 2分钟　　🧠 益智健脑

原料： 竹笋200克，生鱼肉180克，彩椒40克，姜片、蒜末、葱段各少许

调料： 盐、鸡粉、水淀粉、料酒、食用油各适量

做法

1 洗净的竹笋切成片；洗好的彩椒切成小块；洗净的生鱼肉切成片。

2 鱼片装碗，放入盐、鸡粉、水淀粉抓匀，注油，腌渍10分钟至入味。

3 锅中注水烧开，放盐、鸡粉，倒入竹笋，煮1分30秒，捞出，备用。

4 用油起锅，放入蒜末、姜片、葱段爆香，倒入彩椒、鱼片、料酒炒香。

烹饪小提示

竹笋焯水的时间不要太久，焯好水后捞出，过一遍凉水再烹饪，口感更好。

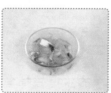

5 放入竹笋，加入盐、鸡粉，炒匀调味，倒入适量水淀粉，拌炒均匀，盛出即可。

节瓜红豆生鱼汤

⏱ 47分钟　☁ 保肝护肾

原料： 生鱼块240克，节瓜120克，花生米70克，水发红豆65克，枸杞30克，水发干贝35克，淮山25克，姜片少许

调料： 盐2克，鸡粉少许，料酒5毫升

做法

1 将洗净的节瓜切开，取出瓜瓤，再切滚刀块，待用。

2 砂锅注水烧热，倒入姜片、淮山、花生米、红豆、枸杞、干贝、鱼块，淋入料酒拌匀。

3 烧开后转小火煮约30分钟，倒入节瓜，用小火续煮约15分钟至熟。

4 加入盐、鸡粉拌匀调味，转中火略煮，至汤汁入味，盛出装在碗中即可。

鳜鱼

鳜鱼又叫做桂花鱼，是中国特产的一种食用淡水鱼，其肉质鲜美，无小刺，富含蛋白质、脂肪、胡萝卜素、维生素B_2、维生素B_3、钙、钾、镁、硒等营养成分。鳜鱼肉能预防癌症，抗衰老。中医认为，鳜鱼肉味甘、性平、无毒，具有补气血、益脾胃的滋补功效。

扫一扫看视频

蒜烧鳜鱼

🕐 12分钟　　😋 开胃消食

原料：鳜鱼350克，蒜瓣40克

调料：盐、鸡粉各2克，老抽2毫升，生抽5毫升，料酒、食用油各适量

做法

1 洗净的蒜瓣切开；洗好的鳜鱼切上花刀，备用。

2 锅注油烧热，放入鳜鱼肉，用小火炸至表皮酥脆，捞出。

3 锅留油烧热，倒入蒜瓣炒香，放入鳜鱼炒匀，注水。

4 加入盐、料酒、老抽、生抽、鸡粉炒匀，小火焖约10分钟至入味，盛出装盘即可。

扫一扫看视频

包心鳜鱼

🕐 22分钟　🍲 开胃消食

原料： 鳜鱼300克，火腿30克，水发干贝20克，水发香菇8克，鸡胸肉100克，瘦肉150克，高汤适量，姜片、葱段、香葱各少许

调料： 盐2克，鸡粉3克，生抽8毫升，料酒5毫升，水淀粉4毫升，食用油适量

做法

1. 洗好的瘦肉、鸡肉切末；洗好的香菇切粒；干贝压碎；火腿切粒。
2. 将切好的食材、料酒、1克鸡粉、4毫升生抽拌匀，填进鳜鱼肚子里，用香葱将鱼身系好。
3. 蒸锅烧开，放入鳜鱼，大火蒸20分钟，取出去葱条。
4. 锅注油，放入姜片，放葱段、蒸鱼的鱼汁、高汤、盐、2克鸡粉、4毫升生抽、水淀粉拌匀，浇鱼身上。

扫一扫看视频

珊瑚鳜鱼

🕐 5分钟　🍲 增强免疫力

原料： 鳜鱼500克，蒜末、葱花各少许

调料： 番茄酱15克，白醋5毫升，白糖2克，水淀粉4毫升，生粉、食用油适量

做法

1. 处理干净的鳜鱼剁去头尾，去骨留肉，在鱼肉上打上麦穗花刀。
2. 锅注油烧热，将鱼肉蘸上生粉，入油锅中炸至金黄色，捞出；将鱼的头尾蘸上生粉，入油锅炸成金黄色，捞出，沥干油后摆入盘中待用。
3. 锅留油，爆香蒜末，倒入番茄酱、白醋、白糖、水淀粉，搅匀制成酱汁。
4. 将调好的酱汁浇在鱼肉身上，将备好的葱花撒在鱼身上即可。

鳕鱼

鳕鱼是主要的食用鱼类之一，原产于从北欧至加拿大及美国东部的北大西洋寒冷水域。鳕鱼是全世界年捕捞量最大的鱼类之一，具有重要的经济价值。其富含蛋白质、脂肪、钙、磷、铁、维生素A、维生素D、维生素B_1、维生素B_2、维生素C、维生素E等营养物质，能降低胆固醇，预防心血管疾病，促进儿童的生长发育。

扫一扫看视频

四宝鳕鱼丁

⏱ 1分30秒　🧠 保肝护肾

原料： 鳕鱼肉200克，胡萝卜150克，豌豆100克，玉米粒90克，鲜香菇50克，姜片、蒜末、葱段各少许

调料： 盐、鸡粉、料酒、水淀粉、食用油各适量

做法

1 洗净去皮的胡萝卜切丁；洗好的香菇切丁；洗净的鳕鱼肉切丁，放盐、鸡粉、水淀粉拌匀上浆，再注油腌渍约10分钟。

2 水烧热，加入盐、鸡粉、食用油、豌豆、胡萝卜、香菇、玉米粒焯煮约2分钟，捞出。

3 热锅注油，倒入鳕鱼丁，轻轻搅拌片刻至其变色，再捞出滑好油的鳕鱼。

4 用油起锅，放入姜片、蒜末、葱段爆香，倒入焯水的食材炒匀，放入鳕鱼、盐、鸡粉、料酒炒熟，倒入水淀粉炒匀，盛出即成。

辣酱焖豆腐鳕鱼

⏱ 2分30秒　🧠 增强免疫力

扫一扫看视频

原料： 鳕鱼肉270克，豆腐200克，青椒35克，红椒20克，蒜末、葱花各少许
调料： 盐2克，生抽4毫升，料酒6毫升，生粉5克，辣椒酱、食用油各适量

做法

1 将洗好的豆腐、青椒、红椒、鳕鱼均切成块，待用。

2 油烧热，将鳕鱼裹上生粉，放入油锅中，用中小火煎至焦黄色，盛出。

3 用油起锅，放入蒜末爆香，倒入青椒、红椒、辣椒酱、水、盐、生抽。

4 放入鳕鱼、豆腐、料酒，烧开后用小火煮约15分钟，盛出，撒上葱花即可。

扫一扫看视频

西红柿烧汁鳕鱼

⏱ 4分钟　😋 开胃消食

原料： 鳕鱼块320克，西红柿90克，洋葱少许

调料： 盐3克，料酒5毫升，番茄酱、生粉各适量，食用油少许

做法

1 洗净的洋葱切成粒；洗好的西红柿去皮，切成小丁块。

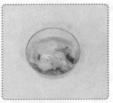

2 洗净的鳕鱼肉装碗，加入1克盐、料酒拌匀，腌渍约10分钟，至其入味。

3 热锅注油烧热，把鳕鱼肉裹上生粉，放入锅中，用中火煎至两面熟透，盛出。

4 用油起锅，放入洋葱、西红柿、番茄酱、2克盐拌匀，浇在鱼身上即可。

扫一扫看视频

如意豆皮金钱袋

🕐 10分钟　🍲 开胃消食

原料： 鳕鱼肉120克，鸡蛋1个，豆皮80克，韭黄60克，胡萝卜50克，火腿45克

调料： 盐、鸡粉各少许，料酒、生粉、水淀粉、食用油各适量

做法

1 洗净的胡萝卜部分切丁，留下的切末；鱼肉、火腿切丁；腐皮切方块；鸡蛋加盐打散；鱼肉加盐、鸡粉、水淀粉、食用油腌渍。

2 水烧开，放韭黄煮软捞出，倒入胡萝卜丁煮约半分钟捞出，倒入胡萝卜末煮半分钟捞出。

3 用油起锅，倒入蛋液炒至蛋花状，盛出，倒入鱼肉、火腿、料酒炒匀，倒入蛋花、胡萝卜末、鸡粉、盐炒入味，即成馅料。

4 腐皮放入馅料包好，用韭黄系紧，点缀胡萝卜粒，用中火蒸约5分钟即可。

扫一扫看视频

鳕鱼土豆汤

🕐 4分钟　🍲 益气补血

原料： 鳕鱼肉150克，土豆75克，胡萝卜60克，豌豆45克，肉汤1000毫升

调料： 盐2克

做法

1 锅中注水烧开，倒入洗净的豌豆，煮约2分钟，捞出，将放凉的豌豆切开。

2 洗净的胡萝卜切成小丁块；洗净去皮的土豆切成小丁块；洗好的鳕鱼肉去除鱼骨、鱼皮，鱼肉剁成细末。

3 锅烧热，倒入肉汤煮沸，倒入胡萝卜、土豆、豌豆、鳕鱼肉，用中火煮约3分钟，至食材熟透。

4 加入盐拌匀调味，煮至入味，盛出装入碗中即可。

鲳鱼

鲳鱼是一种身体扁平的海鱼，因其刺少肉嫩，故很受人们喜爱，主妇们也很乐意收拾。其富含优质的蛋白质，人体必需的氨基酸，不饱和脂肪酸，钙、磷、钾、镁和硒等营养元素。鲳鱼肉具有益气养血、柔劲利骨的功效，对消化不良、贫血、筋骨酸痛等有很好的辅助疗效，还有降低胆固醇、延缓机体衰老，预防癌症等功效。

扫一扫看视频

白萝卜烧鲳鱼

🕐 *12分钟*　　☁ *清热解毒*

原料： 鲳鱼600克，白萝卜300克，葱段、姜片、蒜片、香菜各少许

调料： 盐4克，鸡粉2克，白糖3克，生抽5毫升，料酒7毫升，水淀粉4毫升，食用油适量

做法

1 洗净去皮的白萝卜切成片；处理好的鲳鱼身上切一字花刀。

2 在鲳鱼身上抹上2克盐，淋上料酒，撒上胡椒粉，抹匀腌渍片刻。

3 热锅注油烧热，倒入鲳鱼煎制片刻，倒入葱段、姜片、蒜片爆香，加入少许生抽，注入清水，倒入白萝卜片，中火焖10分钟。

4 加入2克盐、鸡粉、白糖，倒入水淀粉大火收汁，装入盘中，摆上葱段，浇上汤汁即可。

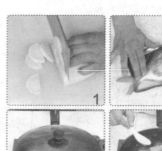

扫一扫看视频

香菇笋丝烧鲳鱼

⏱ 4分钟　🍴 开胃消食

原料： 鲳鱼350克，竹笋丝15克，肉丝50克，香菇丝15克，葱丝、姜丝、彩椒丝各少许

调料： 盐3克，鸡粉2克，料酒5毫升，水淀粉、生抽各4毫升，老抽2毫升，食用油适量

做法

1 处理干净的鲳鱼两面切上十字花刀。

2 锅中倒油烧热，倒入鲳鱼略微搅动，炸至起皮，捞出，沥干油。

3 锅留油，爆香肉丝、姜丝，放入竹笋丝、香菇丝、料酒炒匀，注水，加入盐、生抽、老抽、鲳鱼，煮10分钟，倒入葱丝、彩椒丝拌匀，盛出装盘。

4 锅中放入鸡粉、水淀粉搅拌匀，至汤汁浓稠，浇在鱼身上即可。

扫一扫看视频

茄汁鲳鱼

⏱ 4分钟　🍴 增强免疫力

原料： 鲳鱼450克，熟松仁30克，西红柿60克，胡萝卜40克，豌豆30克，姜片、蒜末、葱花各少许

调料： 盐2克，白糖4克，番茄酱7克，水淀粉4毫升，生粉、食用油各适量

做法

1 洗净的西红柿切粒；洗好去皮的胡萝卜切丁；处理干净的鲳鱼切上花刀。

2 豌豆、胡萝卜入沸水锅中，焯熟捞出。

3 鲳鱼裹上生粉，入油锅炸至金黄色。

4 起油锅，爆香姜片、蒜末、葱花，放入西红柿、焯过水的食材炒匀，放入番茄酱、水、白糖、盐、水淀粉，调成味汁，浇在鱼身上，撒上松仁即可。

黄鱼

黄鱼又名黄花鱼、黄金龙、石首鱼，肉质鲜嫩，营养丰富，是优质食用鱼种。其富含蛋白质、维生素A、维生素E、钙、磷、铁、硒、烟酸、维生素B₂等营养物质，对人体有很好的补益作用。黄鱼中的微量元素硒，能清除人体代谢产生的自由基，能延缓衰老，并对各种癌症有一定的防治功效。

花雕黄鱼

🕐 14分钟　　🍲 健脾止泻

原料： 黄鱼300克，花雕酒200毫升，红椒圈10克，姜片、葱段各少许

调料： 盐2克，鸡粉3克，食用油适量

做法

1 用油起锅，放入处理好的黄鱼，煎炸至转色，用勺子舀出多余的油。

2 放入姜片、葱段，大火爆香，加入黄酒、盐稍煮片刻，加入红椒圈。

3 中火焖10分钟至熟，加入鸡粉，将汤水搅拌一下至入味。

4 关火，将焖好的鱼盛出装入盘中，浇上少许汁液即可。

扫一扫看视频

春笋烧黄鱼

🕐 4分30秒　🍲 清热解毒

原料： 黄鱼400克，竹笋180克，姜末、蒜末、葱花各少许

调料： 鸡粉、胡椒粉各2克，豆瓣酱6克，料酒10毫升，食用油适量

做法

1 洗净去皮的竹笋切成薄片；处理好的黄鱼切上花刀。

2 锅中注水烧开，倒入竹笋、料酒，略煮一会儿，捞出。

3 用油起锅，放入黄鱼煎至两面断生，倒入姜末、蒜末、豆瓣酱炒出香味，注水，倒入竹笋、料酒拌匀，烧开后用小火焖约15分钟至食材熟透。

4 加入鸡粉、胡椒粉搅拌匀，煮至食材入味，盛出，撒上葱花即可。

扫一扫看视频

蒜烧黄鱼

🕐 5分30秒　🍲 降低血压

原料： 黄鱼400克，大蒜35克，姜片、葱段、香菜各少许

调料： 盐3克，鸡粉2克，生抽8毫升，料酒8毫升，生粉35克，白糖3克，蚝油7毫升，老抽2毫升，水淀粉、食用油各适量

做法

1 洗净的大蒜切成片；处理干净的黄鱼切上一字花刀，放入1克盐、4毫升生抽、料酒抹均匀，腌渍15分钟，均匀地撒上适量生粉。

2 起油锅，放入腌好的黄鱼炸至金黄色，捞出。

3 锅留油，爆香蒜片、姜片、葱段，加水，放入2克盐、鸡粉、白糖、4毫升生抽、蚝油、老抽、黄鱼煮入味，装盘；锅中加水淀粉，调成浓汤汁。

4 盛出汤汁，浇在黄鱼上，用香菜点缀即可。

鲈鱼

鲈鱼在中国沿海均有分布，喜栖息于河口，亦可上溯江河淡水区。鲈鱼含有蛋白质、脂肪、钙、磷、铁、铜、维生素A、维生素B$_1$、维生素B$_2$、维生素D等营养物质，可预防心血管疾病、骨质疏松。中医认为，鲈鱼肉能益肾安胎、健脾补气，可治胎动不安、生产少乳等症。

扫一扫看视频

咖喱鱼块

⏱ 6分钟　🍖 开胃消食

原料： 鲈鱼500克，姜黄粉、咖喱粉各5克，洋葱30克，彩椒10克，鸡蛋1个，青柠檬半个，椰浆50毫升，牛奶100毫升，芹菜段、葱段各少许

调料： 白糖2克，辣椒油5毫升，鱼露6毫升，生粉少许，食用油适量

做法

1 洗好的彩椒、洋葱均切条；洗好的鲈鱼切去鱼鳍、鱼头，切成段，待用。

2 鲈鱼加入鱼露，挤入柠檬汁拌匀，腌渍10分钟，打入鸡蛋，放入生粉拌匀。

3 油烧热，放入鱼块炸约3分钟，至其呈金黄色，捞出，装盘。

4 锅底留油，倒入芹菜、葱段、洋葱、姜黄粉、咖喱粉拌匀，加入椰浆、牛奶、鱼露、白糖、辣椒油、彩椒炒匀，盛出，浇在鱼上即可。

酱香开屏鱼

⏱ 11分钟　🥗 增强免疫力

扫一扫看视频

原料： 鲈鱼700克，黄豆酱30克，香葱15克，红椒10克，姜丝、红枣少许
调料： 黄豆酱5克，蒸鱼豉油15毫升，盐2克，料酒8毫升，食用油适量

做法

1 香葱切细丝；洗净的红椒切成圈；处理好的鲈鱼切成小段。

2 取一盘，摆上鱼头，将红枣放入鱼嘴，鱼块摆成孔雀尾状，放上盐、姜丝、料酒。

3 将蒸鱼豉油倒入黄豆酱内搅成酱汁；鲈鱼用大火蒸10分钟，剔去多余姜丝。

4 浇上黄豆酱汁，放入葱丝、红椒丝；油烧至七成热，浇在鱼身上即可。

扫一扫看视频

剁椒鲈鱼

⏱ 13分钟　🫘 保肝护肾

原料： 海鲈鱼350克，剁椒35克，葱条适量，葱花、姜末各少许
调料： 鸡粉2克，蒸鱼豉油30毫升，芝麻油适量

做法

1 将处理干净的海鲈鱼由背部切上花刀，放置一旁，待用。

2 取一碗，倒入剁椒、姜末，加入蒸鱼豉油、鸡粉拌均匀，制成辣酱。

3 取一盘，铺上葱条，放入鲈鱼、辣酱摊匀，淋入芝麻油。

4 蒸锅烧开，放入蒸盘，中火蒸约10分钟，取出，浇上少许蒸鱼豉油，点缀上葱花即成。

扫一扫看视频

扫一扫看视频

绣球鲈鱼

⏱ 32分钟 💪 保肝护肾

原料：鲈鱼350克，胡萝卜60克，上海青30克，芹菜25克，鸡蛋1个，葱段、高汤各适量
调料：盐、鸡粉、料酒、水淀粉各适量

<u>做法</u>

1 鲈鱼切断鱼头、鱼尾，去除鱼骨、鱼皮，鱼肉切丝；洗净的上海青、芹菜、葱段、胡萝卜切丝；鸡蛋制成蛋液。

2 蛋液煎成蛋皮，切丝；水烧开，放盐、胡萝卜、上海青、芹菜煮断生，捞出。

3 将鱼肉、盐、料酒、鸡粉、水淀粉、葱丝、焯过水的食材、蛋皮拌匀腌渍，做成肉丸，与鱼头、鱼尾用中火蒸至熟。

4 锅倒入高汤，加入盐、鸡粉，用水淀粉勾芡，浇在菜肴上即可。

烧汁鲈鱼

⏱ 17分钟 💪 开胃消食

原料：鲈鱼270克，豌豆90克，胡萝卜60克，玉米粒45克，姜丝、葱段、蒜末各少许
调料：盐2克，番茄酱、水淀粉各适量，食用油少许

<u>做法</u>

1 洗净的鲈鱼加入盐、姜丝、葱段腌渍；洗净去皮的胡萝卜切丁；鲈鱼去除鱼骨，鱼肉两侧切条，放入蒸盘中。

2 锅中注入水烧开，倒入胡萝卜、豌豆、玉米粒煮约2分钟，捞出。

3 蒸盘入烧开的蒸锅中，蒸约15分钟。

4 起油锅，爆香蒜末，倒入焯过水的食材炒匀，放入番茄酱、清水煮沸，倒入水淀粉拌匀，浇在鱼身上即可。

带鱼

带鱼肉多且细，脂肪较多且集中于体外层，味鲜美，刺较少，但腹部有游离的小刺。带鱼含有蛋白质、脂肪、鸟嘌呤、镁、硒、钙、镁、碘、维生素B_1、维生素B_2等营养物质，能预防心血管疾病，有防癌抗癌、提高智力、强健骨骼等功效，对辅助治疗白血病、胃癌、淋巴肿瘤等症状有益。

扫一扫看视频

豆瓣酱烧带鱼

⏱ 13分钟　　益气补血

原料：带鱼肉270克，姜末、葱花各少许

调料：盐2克，料酒9毫升，豆瓣酱10克，生粉、食用油各适量

做法

1 处理好的带鱼两面切网格花刀，再切成块。

2 鱼块加入盐、4毫升料酒拌匀，撒上适量生粉，腌渍10分钟。

3 用油起锅，放入带鱼块，用小火煎出香味，翻转鱼块煎至断生，盛出。

4 锅底留油烧热，倒入姜末爆香，放入豆瓣酱炒出香味，注入清水，放入带鱼块、5毫升料酒，煮开后用小火焖10分钟，盛出，点缀上葱花即可。

湘味蒸带鱼

⏱ 13分钟 🍲 美容养颜

原料： 带鱼肉180克，剁椒35克，姜片、蒜末、葱花各少许

调料： 鸡粉少许，蚝油7毫升，蒸鱼豉油、食用油各适量

做法

1 将处理干净的带鱼切去鱼鳍，肉切成段，装入盘中，备用。

2 剁椒装碗，再放入姜片、蒜末、鸡粉、蚝油、食用油、蒸鱼豉油，搅拌匀，制成辣酱汁。

3 取一盘，放入鱼块摆放整齐，盛入辣酱汁铺匀。

4 蒸锅烧开，放入蒸盘，用大火蒸约10分钟，取出，点缀上葱花即可。

金枪鱼

金枪鱼又名鲔鱼、吞拿鱼，是一种很受欢迎的海产，经济价值高。其富含蛋白质、脂肪、钙、磷、铁、维生素B$_{12}$、维生素D、牛磺酸等营养物质，能降低胆固醇，预防心血管疾病、贫血，还可健脑益智、强化肝脏、强健骨骼。

扫一扫看视频

金枪鱼鸡蛋杯

⏱ 2分钟 🫘 补钙

原料： 金枪鱼肉60克，彩椒10克，洋葱20克，熟鸡蛋2个，沙拉酱30克，西蓝花120克

调料： 黑胡椒、食用油各适量

做法

1 熟鸡蛋切开，挖去蛋黄，留蛋白待用；洗净的彩椒、洋葱均切成粒；洗净的金枪鱼肉切成丁。

2 锅注水烧开，淋入食用油，倒入西蓝花，煮约2分钟至断生，捞出。

3 金枪鱼装碗，放入洋葱、彩椒、沙拉酱、黑胡椒粉，搅拌均匀，制成沙拉。

4 将西蓝花放入盘中间摆好，放上蛋白，再摆上余下的西蓝花，将拌好的沙拉放在蛋白中即可。

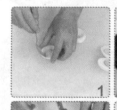

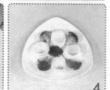

扫一扫看视频

土豆金枪鱼沙拉

🕐 1分30秒　☁ 开胃消食

原料： 土豆150克，熟金枪鱼肉50克，玉米粒40克，蛋黄酱30克，洋葱15克，熟鸡蛋1个

调料： 盐少许，黑胡椒粉2克

做法

1 洗净去皮的土豆切滚刀块；洗好的洋葱切丁；熟金枪鱼肉撕成小片；熟鸡蛋去壳，切小瓣。

2 锅中注水烧开，倒入玉米粒，用大火煮约2分钟，捞出；取一碗，倒入蛋黄酱、洋葱丁、黑胡椒粉、盐搅拌均匀，制成酱料。

3 蒸锅烧开，放入土豆块，用中火蒸约15分钟，取出，放凉。

4 取一碗，放入土豆块、玉米粒、金枪鱼肉、酱料搅拌均匀，盛入盘中，再放上熟鸡蛋，摆好盘即成。

扫一扫看视频

金枪鱼丸子汤

🕐 6分钟　☁ 美容养颜

原料： 金枪鱼50克，胡萝卜60克，白萝卜90克，鸡蛋1个，面粉90克，白芝麻30克，葱花少许

调料： 盐、鸡粉各2克

做法

1 洗净去皮的胡萝卜、白萝卜、金枪鱼切成粒；鸡蛋打入碗中搅散，制成蛋液。

2 取一碗，倒入胡萝卜、白萝卜、金枪鱼、白芝麻拌匀，倒入面粉、蛋液、葱花搅匀，呈糊状。

3 锅中注入适量清水烧开，将面糊做成数个丸子，放入锅中拌匀，用大火煮约5分钟，至食材熟透。

4 加入盐、鸡粉搅拌匀，至食材入味，盛出即可。

三文鱼

三文鱼又称鲑鱼、北鳟鱼，是一种生长在高纬度地区的冷水鱼类，是西餐较常用的鱼类原料之一。其富含蛋白质、脂肪、维生素A、维生素D、维生素B$_6$、维生素B$_{12}$、维生素E、钙、磷、铁等营养物质，能预防动脉粥样硬化、骨质疏松，有助孕的效果，还可促进血液循环、强化骨质、活化脑部，改善类风湿性关节炎。

扫一扫看视频

茄汁香煎三文鱼

🕐 3分30秒　　增强免疫力

原料： 三文鱼160克，洋葱45克，彩椒15克，芦笋20克，鸡蛋清20克
调料： 番茄酱15克，盐2克，黑胡椒粉2克，生粉适量

做法

1 洗净的彩椒、洋葱切成粒；洗净的芦笋切成丁。

2 三文鱼装碗，加入1克盐、黑胡椒、蛋清、生粉拌均匀，腌渍约15分钟。

3 煎锅倒油烧热，放三文鱼用小火煎出香味，翻转鱼块，煎至熟透，盛出。

4 锅留油烧热，倒入洋葱炒软，放入芦笋、彩椒、番茄酱炒均匀，注水煮沸，加入1克盐搅拌均匀，浇在鱼块上即可。

三文鱼蔬菜汤

⏱ 11分钟　🍽 开胃消食

原料： 三文鱼70克，西红柿85克，口蘑35克，芦笋90克
调料： 盐2克，鸡粉2克，胡椒粉适量

做法

1 洗净的芦笋切成小段；洗好的口蘑切成薄片。

2 洗净的西红柿切成小瓣，去除表皮；处理好的三文鱼切成丁。

3 锅中注水烧开，倒入三文鱼拌匀煮至变色，放入芦笋、口蘑、西红柿拌匀。

4 烧开后用大火煮约10分钟至熟，加入盐、鸡粉、胡椒粉搅匀调味即可。

泥鳅

泥鳅被称为"水中之参"，在中国南方各地均有分布。全年都可采收，夏季最多。泥鳅捕捉后，可鲜用或烘干用，其含蛋白质、脂肪、钙、磷、铁、维生素A、维生素B$_1$、维生素B$_2$、维生素C等营养物质，能补充人体必需的氨基酸，可以预防心血管疾病。

酱炖泥鳅

⏱ 18分钟　　保肝护肾

原料： 净泥鳅350克，黄豆酱20克，姜片、葱段、蒜片各少许，辣椒酱12克，干辣椒8克，啤酒160毫升

调料： 盐2克，水淀粉、芝麻油、食用油各适量

做法

1 用油起锅，倒入处理干净的泥鳅，煎至食材断生后盛出。

2 锅留底油烧热，撒上姜片、葱白、蒜片，爆香，放入干辣椒、黄豆酱、辣椒酱。

3 炒出香味，注入啤酒，倒入泥鳅，放入盐拌匀，转小火煮约15分钟。

4 倒入葱叶，用水淀粉勾芡，滴入芝麻油，炒至汤汁收浓，盛出装盘即可。

扫一扫看视频

莴笋烧泥鳅

⏱ 15分钟　☁ 安神助眠

原料： 泥鳅160克，莴笋65克，彩椒20克
调料： 盐、鸡粉各2克，水淀粉、料酒、生抽、老抽各少许，食用油适量

做法

1 泥鳅加入1克盐拌匀，注水，去除黏液；洗净去皮的莴笋切成条形；泥鳅去头、内脏，清理干净。

2 锅注油烧热，倒入泥鳅拌匀，炸2分钟，捞出。

3 锅注油烧热，倒入泥鳅炒香，加入料酒炒香，注入清水，加入1克盐、鸡粉、老抽、生抽、莴笋、彩椒拌匀。

4 用小火煮10分钟，用水淀粉勾芡，盛出即可。

扫一扫看视频

香附泥鳅豆腐汤

⏱ 51分钟　☁ 开胃消食

原料： 泥鳅300克，豆腐270克，红枣、香附各少许
调料： 盐2克，鸡粉2克

做法

1 洗好的豆腐切长块，再切小方块。

2 砂锅注水烧热，倒入香附，烧开后用小火煮约20分钟，盛出药汁。

3 锅中注入适量清水烧开，倒入泥鳅略煮，捞出。

4 砂锅注水烧热，倒入泥鳅、豆腐、红枣，烧开后用小火煮约30分钟，倒入药汁，加入盐、鸡粉拌匀入味，盛出即可。

鳝鱼

鳝鱼属温热带鱼类，因其肤色呈黄色，所以也被称作黄鳝。鳝鱼分布广泛，在中国几乎各地都有分布，其含有蛋白质、脂肪、鳝鱼素、钙、铁、维生素B_1、维生素B_2等营养元素，能强化脑力、降低并调节血糖、增进视力、促进皮肤黏膜的新陈代谢，还可预防心血管疾病。

扫一扫看视频

响油鳝丝　🕐 2分钟　🍲 养颜美容

原料： 鳝鱼肉300克，红椒丝、姜丝、葱花各少许

调料： 盐3克，白糖2克，胡椒粉、鸡粉各少许，蚝油8毫升，生抽7毫升，料酒10毫升，陈醋15毫升，生粉、食用油各适量

做法

1 处理干净的鳝鱼肉切丝，放入1克盐、鸡粉、5毫升料酒、生粉拌匀，腌渍约10分钟。

2 水烧开，倒入鳝鱼，汆去血渍，捞出；油烧热，倒入鳝鱼滑约半分钟，捞出。

3 锅留底油烧热，撒上姜丝，爆香，倒入鳝鱼丝、5毫升料酒，快速炒匀提味，转小火，放入生抽、蚝油、2克盐、白糖、陈醋，炒至食材熟软、入味。

4 盛出菜肴，点缀上葱花和红椒丝，撒上胡椒粉，再用热油收尾即成。

红枣板栗烧黄鳝

⏱ 18分30秒　🍲 益气补血

扫一扫看视频

原料： 鳝鱼80克，板栗肉30克，红枣10克，葱段、姜片各少许
调料： 盐、鸡粉各1克，胡椒粉2克，料酒5毫升，水淀粉少许，食用油适量

做法

1 洗净的板栗肉对半切开；水烧开，倒入鳝鱼拌匀，汆去血水，捞出。

2 用油起锅，放入葱段、姜片爆香，倒入鳝鱼、板栗炒匀，加入料酒、清水。

3 放入红枣、盐拌匀，煮约15分钟至食材入味。

4 加入鸡粉、胡椒粉拌匀，用水淀粉勾芡，装入盘中即可。

扫一扫看视频

大蒜烧鳝段

12分钟　益智健脑

原料：鳝鱼200克，彩椒35克，蒜头55克，姜片、葱段各少许

调料：盐2克，豆瓣酱10克，白糖3克，陈醋3毫升，料酒、食用油各适量

做法

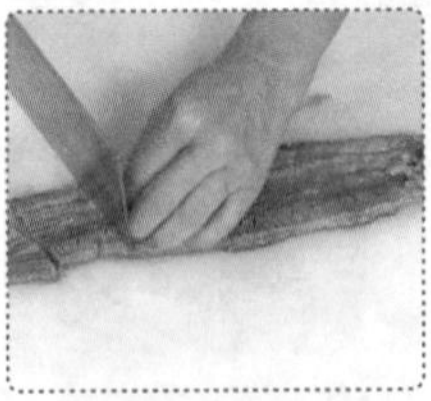

1 洗净的彩椒去子，切成条；处理干净的鳝鱼切上花刀，用斜刀切成段。

2 用油起锅，倒入蒜头用小火炸至金黄色，盛出多余的油，放入姜片、鳝鱼炒匀。

3 放入豆瓣酱、料酒、清水、葱段、彩椒、陈醋炒匀，用中火焖约10分钟。

4 转大火收汁，加入白糖、盐翻炒均匀，至食材入味即可。

红烧黄鳝

🕐 2分钟　　🥬 益气补血

原料： 鳝鱼150克，莴笋100克，红椒20克，花椒6克，姜片、蒜末、葱段各适量

调料： 豆瓣酱7克，辣椒酱10克，盐2克，料酒10毫升，水淀粉4毫升，生抽、食用油各适量

做法

1 去皮洗好的莴笋切成薄片；洗净的红椒去子，切段；宰杀洗净的鳝鱼切成小段。

2 锅中注水烧开，淋入5毫升料酒，倒入鳝鱼煮约1分钟，汆去血水，捞出。

3 用油起锅，倒入姜片、蒜末、葱段，爆香，倒入莴笋片、红椒、鳝鱼、5毫升料酒、豆瓣酱、盐，炒匀调味，淋入生抽，翻炒片刻。

4 加入辣椒酱，翻炒至入味，倒入水淀粉，翻炒均匀，盛出即可。

竹笋炒鳝段

🕐 2分钟　　🥬 降压降糖

原料： 鳝鱼肉130克，竹笋150克，青椒、红椒各30克，姜片、蒜末、葱段各少许

调料： 盐、鸡粉各少许，料酒、水淀粉、食用油各适量

做法

1 洗净的鳝鱼肉、竹笋切成片；洗净的青椒、红椒切成小块；鳝鱼片加入盐、鸡粉、料酒、水淀粉拌匀上浆，腌渍约10分钟。

2 锅中注水烧开，加入盐、竹笋片搅匀，煮约1分钟，捞出，把腌渍好的鳝鱼片倒入沸水锅中搅匀，汆煮片刻，捞出。

3 用油起锅，爆香姜片、蒜末、葱段，倒入青椒、红椒、竹笋片、鳝鱼片、料酒炒匀。

4 加入鸡粉、盐炒匀调味，倒入水淀粉炒匀，至食材熟透，盛出即成。

鱿鱼

鱿鱼属软体动物，是生活在海洋中的软体动物。习惯上称它们为鱼，其实它并不是鱼，是凶猛鱼类的猎食对象。鱿鱼含有蛋白质、氨基酸，以及大量的牛磺酸、脂肪、糖类、钙、磷、硒、钾、钠等营养元素，有利于骨骼发育和造血，能有效治疗贫血、抗病毒防辐射、缓解疲劳、恢复视力、改善肝脏功能。

扫一扫看视频

蚝油酱爆鱿鱼

🕐 4分钟　　☁ 增强免疫力

原料： 鱿鱼300克，西蓝花150克，甜椒20克，圆椒10克，葱段5克，姜末10克，蒜末10克，西红柿30克，干辣椒5克

调料： 盐2克，白糖3克，蚝油5毫升，水淀粉、黑胡椒、芝麻油、食用油各适量

做法

1　处理干净的鱿鱼上切上网格花刀，切成块。

2　锅中注水，大火烧开，倒入鱿鱼，氽煮至成鱿鱼卷，捞出。

3　热锅注油烧热，倒入干辣椒、姜末、蒜末、葱段，爆香。

4　倒入甜椒、圆椒、西蓝花、清水，搅拌匀，略微煮一会儿，倒入鱿鱼，加入盐、白糖、蚝油、西红柿、水淀粉、黑胡椒、芝麻油搅匀，盛出即可。

酱爆鱿鱼圈

⏱ 1分30秒　🍲 增强免疫力

扫一扫看视频

原料： 鱿鱼250克，红椒25克，青椒35克，洋葱45克，蒜末10克，姜末10克

调料： 豆瓣酱30克，料酒5毫升，鸡粉2克，食用油适量

做法

1 洗净的洋葱切成丝；洗净的红椒、青椒切成丝；处理好的鱿鱼切成圈。

2 锅中注入适量清水，大火烧开，倒入鱿鱼圈，汆煮片刻，捞出放入凉水中晾凉。

3 锅注油烧热，倒入豆瓣酱、姜末、蒜末，爆香，倒入鱿鱼圈、料酒翻炒去腥。

4 倒入洋葱，注入适量清水，放入青椒、红椒，加入鸡粉，翻炒匀，盛出装入盘中。

扫一扫看视频

紫苏鱿鱼卷

🕐 3分钟　　🍴 开胃消食

原料： 鱿鱼80克，鸡蛋40克，面包糠30克，面粉30克，紫苏叶少许
调料： 盐2克，鸡粉2克，胡椒粉2克，食用油少许

做法

1 处理干净的鱿鱼切成段；取一个碗，将鸡蛋打成蛋液。

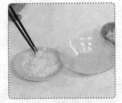

2 鱿鱼放入盐、鸡粉、胡椒粉拌匀，依次均匀地黏上面粉、蛋液、面包糠。

3 锅注油烧热，倒入鱿鱼炸至金黄色，捞出，沥干油分。

4 用洗净的紫苏叶依次将鱿鱼卷好即可。

扫一扫看视频

茄汁鱿鱼卷

🕐 1分30秒　🐮 降低血压

原料： 鱿鱼肉170克，莴笋65克，胡萝卜45克，葱花少许

调料： 番茄酱30克，盐2克，料酒5毫升，食用油适量

做法

1 去皮洗净的莴笋切薄片；胡萝卜洗净切薄片；鱿鱼洗净切花刀，改切小块。

2 锅注水烧开，倒入胡萝卜片拌匀，煮约1分钟，捞出，倒入鱿鱼块、料酒，煮至鱼身卷起，捞出。

3 用油起锅，倒入番茄酱、盐炒匀，倒入鱿鱼卷炒匀，再放入胡萝卜、莴笋炒至断生，淋入料酒，翻炒匀。

4 撒上葱花炒出葱香味，装盘即可。

扫一扫看视频

干煸鱿鱼丝

🕐 2分钟　🐮 益气补血

原料： 鱿鱼200克，猪肉300克，青椒30克，红椒30克，蒜末、干辣椒、葱花各少许

调料： 盐、鸡粉各少许，料酒8毫升，生抽、辣椒油各5毫升，豆瓣酱10克，食用油适量

做法

1 锅中注水烧开，放入猪肉，用中火煮10分钟，捞出；洗净的青椒、红椒切成圈；猪肉、处理好的鱿鱼切成条。

2 鱿鱼加盐、鸡粉、料酒腌渍；锅中注水烧开，倒入鱿鱼丝煮至变色，捞出。

3 起油锅，倒入猪肉条炒香，淋入生抽炒匀，倒入干辣椒、蒜末、豆瓣酱。

4 加入红椒、青椒、鱿鱼丝、盐、鸡粉、辣椒油、葱花，炒匀，盛出即可。

扫一扫看视频

青椒鱿鱼丝

⏱ 1分钟　🍽 开胃消食

原料: 鱿鱼肉140克，青椒90克，红椒25克

调料: 料酒4毫升，盐2克，鸡粉1克，生抽3毫升，辣椒油5毫升，芝麻油4毫升，陈醋6毫升，花椒油3毫升

做法

1 洗好的青椒、红椒去子，切粗丝；处理好的鱿鱼肉切粗丝。

2 水烧开，加入料酒、鱿鱼煮至断生，捞出，倒入青椒、红椒焯至断生，捞出。

3 将鱿鱼肉倒入碗中，加入青椒、红椒，搅拌匀。

4 加入盐、鸡粉、生抽、辣椒油、芝麻油、陈醋、花椒油，拌匀即可。

扫一扫看视频

蒜薹拌鱿鱼

🕐 3分钟　🍲 保肝护肾

原料： 鱿鱼肉200克，蒜薹120克，彩椒45克，蒜末少许

调料： 豆瓣酱8克，盐3克，鸡粉2克，生抽4毫升，料酒5毫升，辣椒油、芝麻油、食用油各适量

做法

1　洗净的蒜薹切小段；洗好的彩椒切粗丝；处理干净的鱿鱼肉切粗丝。

2　鱿鱼丝装碗，加入1克盐、1克鸡粉、料酒拌匀，腌渍约10分钟。

3　锅中注水烧开，放入食用油、蒜薹、彩椒、盐，焯煮约半分钟，捞出，再倒入鱿鱼丝搅拌匀，汆煮约1分钟，捞出。

4　将蒜薹和彩椒倒入碗中，放入鱿鱼丝，加入2克盐、2克鸡粉、豆瓣酱、蒜末、辣椒油、生抽、芝麻油拌匀即成。

扫一扫看视频

咖喱海鲜南瓜盅

🕐 6分钟　🍲 健脾止泻

原料： 熟南瓜盅1个，去皮土豆200克，鱿鱼250克，洋葱80克，虾仁50克，咖喱块30克，椰浆100毫升，香叶、罗勒叶各少许

调料： 盐2克，鸡粉3克，水淀粉、食用油各适量

做法

1　洗净的土豆切丁；洗好的洋葱切块；处理好的鱿鱼打上十字花刀，切成小块；洗净的虾仁去掉虾线。

2　锅中注水烧开，倒入土豆焯煮片刻，捞出，倒入鱿鱼、虾仁焯煮片刻，捞出。

3　起油锅，放入咖喱块，拌至融化，倒入洋葱、香叶、椰浆、土豆、虾仁、鱿鱼炒匀，加入盐、鸡粉，煮约3分钟，加入水淀粉，拌匀。

4　关火后将烧好的菜肴盛出，装入熟南瓜盅，放上罗勒叶即可。

墨鱼

在浩瀚的东海，生长着这样一种生物，它像鱼类一样遨游，但并不属于鱼类，人们习惯称它为"墨鱼"，也叫它为"乌贼"或"花枝"。墨鱼含有蛋白质、碳水化合物、钾、碘、磷、硒、维生素E、叶酸等营养物质，具有通经、催乳、补脾、滋阴、调经、止带之功效，可用于妇女经血不调、水肿、湿痹等症的食疗。

扫一扫看视频

豉椒墨鱼 🕐 1分30秒 😊 美容养颜

原料： 墨鱼200克，红椒45克，青椒35克，芹菜50克，豆豉、姜片、蒜末、葱段各少许

调料： 盐4克，鸡粉4克，料酒15毫升，水淀粉10毫升，生抽4毫升，食用油适量

做法

1 墨鱼肉切成薄片；洗净的红椒、青椒均切成小块；洗净的芹菜切成段；墨鱼加入2克盐、2克鸡粉、7毫升料酒、5毫升水淀粉拌匀，腌渍10分钟。

2 水烧开，倒油，放青椒、红椒煮半分钟，捞出，倒入墨鱼氽至变色，捞出。

3 用油起锅，放入姜片、蒜末、葱段、豆豉，爆香，倒入墨鱼炒匀，淋入8毫升料酒炒匀，放入青椒、红椒、芹菜翻炒均匀。

4 加入2克盐、2克鸡粉、生抽，炒匀，倒入5毫升水淀粉，快速翻炒均匀即可。

五味花枝

⏱ 2分钟　🍖 美容养颜

扫一扫看视频

原料： 墨鱼250克，朝天椒45克，番茄酱40克，醪糟50克，蒜末、葱段各少许

调料： 盐、鸡粉各少许，料酒9毫升，生粉5克，白糖6克，水淀粉5毫升，食用油适量

做法

1 朝天椒切圈；墨鱼切成片，放入盐、鸡粉、5毫升料酒、生粉拌匀，腌渍片刻。

2 水烧开，倒入墨鱼，搅拌片刻，汆至变色，捞出。

3 用油起锅，倒入蒜末、葱段爆香，倒入朝天椒、墨鱼、4毫升料酒，炒匀。

4 加入醪糟、番茄酱、白糖，炒匀，倒入水淀粉，快速翻炒均匀，盛出即可。

碧绿花枝片

⏱ 1分30秒　🫘 降压降糖

原料： 西蓝花150克，墨鱼肉120克，彩椒30克，胡萝卜片、姜片、葱段各少许

调料： 盐、鸡粉各少许，料酒、水淀粉、食用油各适量

做法

1 西蓝花洗净切朵；墨鱼肉切片，加入盐、鸡粉、水淀粉拌匀，注油腌渍10分钟。

3 热锅注油烧热，倒入墨鱼片，滑油至其断生后捞出，沥干油，待用。

烹饪小提示

切好的墨鱼片可以用鲜汤氽一下再烹饪，能够去除部分腥味，还能增鲜。

2 水烧开，放入食用油、盐、鸡粉，倒入西蓝花，焯煮约1分钟，捞出。

4 锅留油，放姜片、葱段、胡萝卜、彩椒、墨鱼、料酒、盐、鸡粉、水淀粉炒至熟。

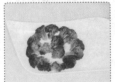

5 取一盘子，摆放上焯熟的西蓝花，盛入炒好的菜肴，装在盘中即成。

沙茶墨鱼片

🕐 1分钟　☁ 益气补血

扫一扫看视频

原料： 墨鱼150克，彩椒60克，姜片、蒜末、葱段各少许
调料： 盐3克，鸡粉3克，料酒9毫升，水淀粉8毫升，沙茶酱15克，食用油适量

做法

1 洗净的彩椒切块；墨鱼切片，装碗，加入1克鸡粉、1克盐、4毫升料酒、4毫升水淀粉拌匀。

2 锅中注水烧开，放入墨鱼片氽煮半分钟，至其变色，捞出。

3 用油起锅，放姜片、蒜末、葱段爆香，倒入彩椒、墨鱼、5毫升料酒炒匀。

4 倒入沙茶酱、2克盐、2克鸡粉、4毫升水淀粉，快速翻炒均匀，盛出即可。

海蜇

蜇又名水母、白皮子，犹如一顶降落伞，也像一个白蘑菇。海蜇皮是一层胶质物，营养价值较高，海蜇头稍硬，营养胶质与蜇皮相近。海蜇富含蛋白质、糖类、钾、钠、钙、镁、铁、锰、锌、铜、磷、硒和多种维生素，是一种重要的营养食品，能扩张血管、降低血压，对防治动脉粥样硬化也有一定的功效。

扫一扫看视频

黑木耳拌海蜇丝

4分钟　降低血压

原料： 水发黑木耳40克，水发海蜇120克，胡萝卜80克，西芹80克，香菜20克，蒜末少许

调料： 盐1克，鸡粉2克，白糖4克，陈醋6毫升，芝麻油2毫升，食用油适量

做法

1 将洗净去皮的胡萝卜切成丝；洗好的黑木耳切成小块；洗净的西芹切成丝；洗好的香菜切成末；洗净的海蜇切成丝。

2 锅中注入清水烧开，放入海蜇丝，煮约2分钟，放入胡萝卜、黑木耳、食用油，再煮1分钟。

3 再放入西芹，略煮一会儿，把煮熟的食材捞出，沥干水分。

4 将煮好的食材装碗，放入蒜末、香菜、白糖、盐、鸡粉、陈醋、芝麻油拌匀即可。

白菜梗拌海蜇

⏱ 2分30秒　🍲 清热解毒

扫一扫看视频

原料： 海蜇200克，白菜150克，胡萝卜40克，蒜末、香菜各少许

调料： 盐1克，鸡粉2克，料酒4毫升，陈醋4毫升，芝麻油6毫升，辣椒油5毫升

做法

1 洗净的白菜、胡萝卜均切成丝；洗净的香菜切成碎；洗好的海蜇切成丝。

2 锅中注水烧开，倒入海蜇丝，淋入料酒，拌匀，煮约1分钟。

3 放入白菜丝、胡萝卜丝拌匀，煮约半分钟，捞出。

4 氽水的材料装碗，撒上蒜末、香菜，加入盐、鸡粉、陈醋、芝麻油、辣椒油，拌入味，装盘即可。

扫一扫看视频

桔梗拌海蜇

🕐 /分30秒 🍲 清热解毒

原料： 水发桔梗100克，熟海蜇丝85克，葱丝、红椒丝各少许
调料： 盐、白糖各2克，胡椒粉、鸡粉各适量，生抽5毫升，陈醋12毫升

做法

1 将洗净的桔梗切成细丝，备用。

2 取一碗，放入桔梗、海蜇丝，加入盐、白糖、鸡粉，淋入生抽。

3 再倒入陈醋，撒上少许胡椒粉，搅拌一会儿，至全部食材入味。

4 将拌好的菜肴盛入盘中，点缀上葱丝、红椒丝即可。

黄瓜拌海蜇

🕐 3分30秒　🍽 降低血压

原料： 水发海蜇90克，黄瓜100克，彩椒50克，蒜末、葱花各少许

调料： 白糖4克，盐少许，陈醋6毫升，芝麻油2毫升，食用油适量

做法

1 洗好的彩椒切条；洗净的黄瓜切片，改切成条；洗好的海蜇切条。

2 锅中注入适量清水烧开，放入切好的海蜇，煮2分钟，放入彩椒，略煮片刻，捞出。

3 把黄瓜倒入碗中，放入海蜇和彩椒，再放入蒜末、葱花。

4 加入陈醋、盐、白糖、芝麻油，拌匀，装入盘中即可。

老醋莴笋拌蜇皮

🕐 3分钟　🍽 降低血压

原料： 海蜇丝100克，莴笋90克，胡萝卜85克，香菜10克，蒜末少许

调料： 盐3克，鸡粉2克，白糖少许，生抽6毫升，陈醋10毫升，芝麻油少许

做法

1 将洗净去皮的胡萝卜切成细丝；洗净去皮的莴笋切成丝；洗净的香菜切成段。

2 锅中注水烧开，加入1克盐，放入胡萝卜丝，拌匀，略煮片刻，放入洗净的海蜇丝，拌匀，再倒入莴笋丝煮约1分钟，捞出。

3 把焯水的食材放入碗中，撒上蒜末，拌匀，加入2克盐、鸡粉、白糖、生抽、陈醋、芝麻油，快速搅拌匀。

4 再撒上切好的香菜，拌匀，至其散出香味，装入盘中即成。

牛蛙

牛蛙是独居的水栖蛙，因其叫声大而得名，鸣叫声宏亮，酷似牛叫，故名牛蛙。其具有生长快、味道鲜美、营养丰富、蛋白质含量高等优点，是名贵食品。牛蛙富含蛋白质、糖类、维生素B_1、维生素B_2、烟酸、钙、磷、钾、钠、镁、铁、锌、铜等营养物质，有助于青少年的生长发育，还能延缓机体衰老、润泽肌肤、防癌抗癌。

扫一扫看视频

香菇蒸牛蛙

⏱ 6分钟　　☁ 健脾止泻

原料： 牛蛙350克，水发香菇45克，红枣、枸杞、姜片、葱花各少许
调料： 盐、鸡粉各少许，料酒5毫升，蚝油、水淀粉各适量

做法

1 洗好的香菇切瓣；处理干净的牛蛙切块；洗好的红枣去核，切成细丝。

2 取一碗，倒入牛蛙块、盐、鸡粉、料酒、蚝油、水淀粉拌匀，腌渍10分钟。

3 放入红枣、枸杞、姜片，拌匀；取蒸盘，放入香菇、牛蛙肉铺平，备用。

4 蒸锅烧开，放入蒸盘，盖上盖子，用中火蒸5分钟至熟，取出，撒上葱花即可。

扫一扫看视频

草菇炒牛蛙

🕐 2分钟　💪 益气补血

原料： 牛蛙150克，草菇25克，胡萝卜5克，西芹10克，姜片、葱段各少许

调料： 盐3克，鸡粉3克，料酒10毫升，水淀粉、胡椒粉各适量

做法

1. 洗净的西芹切小段；洗好去皮的胡萝卜切成片；洗净的草菇对半切开；取一碗，放入牛蛙、1克盐、5毫升料酒、水淀粉拌匀，腌渍10分钟。
2. 沸水锅中倒入草菇略煮一会儿，捞出。
3. 用油起锅，倒入姜片、葱段，爆香，放入牛蛙，炒匀，淋入5毫升料酒，炒匀。
4. 放入草菇、胡萝卜、西芹、2克盐、鸡粉、胡椒粉，炒至食材熟透即可。

扫一扫看视频

剁椒牛蛙

🕐 5分钟　💪 开胃消食

原料： 牛蛙250克，黄瓜120克，红椒40克，剁椒适量，姜片、蒜末、葱段各少许

调料： 盐3克，鸡粉3克，料酒、生抽各少许，水淀粉、食用油各适量

做法

1. 洗净的黄瓜去瓤，切成段；洗好的红椒去蒂、去子，切小块；宰杀处理干净的牛蛙切去头部、爪部，再切块。
2. 锅中注水烧开，放入牛蛙汆水捞出。
3. 用油起锅，放入葱段、姜片、蒜末，爆香，放入剁椒、牛蛙，炒匀，淋入料酒，炒香。
4. 放入黄瓜、红椒，炒匀，加入盐、鸡粉、生抽、水淀粉，搅拌匀即可。

海参

海参是生活在海边至8000米深的海洋软体动物，全身长满肉刺，广布于世界各海洋中，同人参、燕窝、鱼翅齐名，是世界八大珍品之一。其含有蛋白质、糖类、维生素E、钠、钙、镁、胡萝卜素等营养成分。海参能促进人体发育、增强免疫功能、延缓肌肉衰老、防治前列腺炎和尿路感染、增强造血功能。

扫一扫看视频

参杞烧海参

⏱ 2分钟　🫘 增强免疫力

原料： 水发海参130克，上海青45克，竹笋40克，枸杞、党参、姜片、葱段各少许

调料： 盐3克，鸡粉4克，蚝油5毫升，生抽、料酒、水淀粉、食用油各适量

做法

1 处理好的竹笋切片；洗净的上海青对半切开；洗好的海参切成片。

2 水烧开，淋入食用油，倒入上海青煮约半分钟，加1克盐煮至断生，捞出，再将海参、竹笋倒入沸水中，淋入料酒，加入2克鸡粉，煮1分钟，捞出。

3 起油锅，倒入姜片、葱段爆香，放入党参、海参、竹笋、料酒、清水、枸杞，加2克盐、2克鸡粉、蚝油、生抽煮熟，加入水淀粉炒片刻。

4 上海青摆入盘中，盛出海参即可。

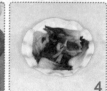

海参炒时蔬

⏱ 3分钟　　🍲 增强免疫力

扫一扫看视频

原料： 西芹20克，胡萝卜150克，水发海参100克，百合80克，姜片、葱段各少许

调料： 盐3克，鸡粉2克，水淀粉、料酒、蚝油、芝麻油、高汤、食用油各适量

做法

1 洗净的西芹切小段；洗好去皮的胡萝卜切小块。

2 锅中注水烧开，倒入胡萝卜、西芹、百合，拌匀，略煮一会儿，捞出。

3 用油起锅，放入姜片、葱段、海参、高汤、盐、鸡粉、蚝油、料酒略煮。

4 倒入西芹、胡萝卜，炒匀，倒入适量水淀粉勾芡，淋入芝麻油，炒匀，盛出装盘即可。

扫一扫看视频

🕐 13分钟

增强免疫力

手工鱼丸烩海参

原料： 草鱼600克，海参300克，山药丁100克，鸡蛋清20克，葱花、姜末各少许

调料： 盐、鸡粉、胡椒粉各2克，料酒10毫升，水淀粉、芝麻油各少许，食用油适量

烹饪小提示

烹饪此菜时，不宜放入生抽，以免影响海参的口感。

做法

1 洗好的草鱼去除鱼骨、鱼皮，鱼肉切成小段；海参去除内脏，切成条。

2 取榨汁机，放入草鱼肉、山药丁，打成泥状，加入姜末、葱花、鸡蛋清，拌匀。

3 锅注水烧开，用手将鱼肉泥挤成鱼丸，放入锅中，煮约1分钟至鱼丸成形，捞出。

4 用油起锅，倒入姜末、葱花，爆香，放入海参、5毫升料酒，炒匀，注入适量清水，炒匀。

5 加入盐、鸡粉、鱼丸，拌匀，用中火焖5分钟，加入胡椒粉、5毫升料酒，煮约3分钟至熟。

6 用水淀粉勾芡，淋入芝麻油，拌匀，盛出装入盘中，撒上葱花即可。

海参瑶柱虫草煲鸡

⏱ 3小时　☁ 开胃消食

扫一扫看视频

原料： 水发海参50克，虫草花40克，鸡肉块60克，高汤适量，蜜枣、干贝、姜片、黄芪、党参各少许

做法

1 锅中注水烧开，倒入鸡肉块，搅散，汆去血水，捞出鸡块，沥干水分。

2 把沥干水的鸡肉块过一次冷水，再清洗干净，备用。

3 砂锅倒入高汤，烧开，放入海参、虫草花、鸡肉、蜜枣、干贝、姜片、黄芪、党参，拌匀。

4 盖上锅盖，烧开后转小火煮3小时至食材入味，揭盖，盛出，装入碗中即可。

虾

虾是一种生活在水中的长身动物，种类很多，包括青虾、河虾、草虾、小龙虾、对虾、明虾、基围虾、琵琶虾、龙虾等。虾具有超高的食疗价值，并用于中药材，其含有蛋白质、脂肪、糖类、谷氨酸、维生素、钙、铁、碘、硒、甲壳素等营养物质，能强健骨质、预防骨质疏松、预防癌症，有助于与消除因时差反应产生的"时差症"。

扫一扫看视频

酱爆虾仁

🕐 2分30秒　　🫁 保肝护肾

原料： 虾仁200克，青椒20克，姜片、葱段各少许，蚝油20毫升，海鲜酱25克
调料： 盐2克，白糖、胡椒粉各少许，料酒3毫升，水淀粉、食用油各适量

做法

1 将洗净的青椒切开，去子，再切片。
2 虾仁装碗，加入盐，撒上适量胡椒粉，快速拌匀，再腌渍约15分钟。
3 用油起锅，撒上姜片，爆香，倒入虾仁炒至淡红色，放入青椒，加入蚝油、海鲜酱，炒匀。
4 加入少许白糖、料酒，炒匀，倒入葱段，再用水淀粉勾芡，盛出即可。

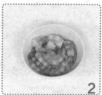

扫一扫看视频

腰果西芹炒虾仁

⏱ 5分钟　🫘 降低血脂

原料： 腰果80克，虾仁70克，西芹段150克，蛋清30克，姜末、蒜末各少许

调料： 盐3克，干淀粉5克，料酒5毫升，食用油10毫升

做法

1 取一碗，放入虾仁、蛋清、干淀粉、料酒，搅拌均匀，腌渍10分钟。

2 锅中注水烧开，倒入洗好的西芹段，焯煮约2分钟，捞出沥干水分。

3 锅中注油烧热，放入腰果，小火煸炒至微黄，捞出。

4 锅底留油，倒入姜末、蒜末，爆香，倒入虾仁翻炒约2分钟至转色，放入西芹、盐、腰果，炒匀，盛出即可。

扫一扫看视频

海鲜鸡蛋炒秋葵

⏱ 7分钟　🫘 保肝护肾

原料： 秋葵150克，鸡蛋3个，虾仁100克

调料： 盐、鸡粉各3克，料酒、水淀粉、食用油各适量

做法

1 洗净的秋葵切去柄部，斜刀切小段；处理好的虾仁切成丁状。

2 取一碗，打入鸡蛋，加入1克盐、鸡粉，搅散；虾仁装碗，加入2克盐、料酒、水淀粉拌匀，腌渍10分钟。

3 用油起锅，倒入虾仁，炒至转色，放入秋葵，翻炒约3分钟至熟，盛出。

4 用油起锅，倒入鸡蛋液，放入秋葵和虾仁，翻炒约2分钟至食材熟透，盛出即可。

扫一扫看视频

3分钟

增强免疫力

芦笋沙茶酱辣炒虾

原料：芦笋40克，虾仁150克，蛤蜊肉100克，白葡萄酒100毫升，姜片、葱段各少许

调料：沙茶酱10克，泰式甜辣酱4克，鸡粉2克，生抽5毫升，水淀粉5毫升，食用油适量

烹饪小提示

虾仁用碱水洗一下，再放一些干淀粉，用手抓匀，再焯水，就会显得非常透亮、鲜嫩。

做法

1 洗净的芦笋切成小段；处理干净的虾仁去除虾线。

2 锅中注水烧开，倒入芦笋，煮至断生后捞出，沥干水分。

3 将处理好的蛤蜊肉倒入沸水中，略煮一会儿，捞出，沥干水分，待用。

4 热锅注油，放入姜片、葱段，爆香，加入沙茶酱、泰式甜辣酱，翻炒均匀。

5 倒入虾仁，淋入葡萄酒，炒匀，倒入芦笋、蛤蜊肉，快速翻炒匀。

6 加入鸡粉、生抽、水淀粉，快速翻炒至食材入味，盛出即可。

黄金马蹄虾球

⏱ 5分钟　🫘 保肝护肾

扫一扫看视频

原料： 去皮马蹄250克，虾仁400克，蛋清35克

调料： 盐、鸡粉各1克，淀粉3克，食用油适量

做法

1 洗净的马蹄切成丁；洗好的虾仁用刀按压至泥状，装碗待用。

2 虾泥装碗，加入马蹄、蛋清，放入盐、鸡粉、淀粉、食用油，拌匀，制成肉馅待用。

3 锅注油烧热，将虾肉馅挤出虾球生坯，放入油锅炸约4分钟至金黄色，捞出。

4 取一盘，摆放上洗净的生菜叶，再放上虾球即可。

韭菜花炒虾仁

⏱ 2分钟 🫘 保肝护肾

原料： 虾仁85克，韭菜花110克，彩椒10克，葱段、姜片各少许

调料： 盐、鸡粉各2克，白糖少许，料酒4毫升，水淀粉、食用油各适量

做法

1 将洗净的韭菜花切长段；洗好的彩椒切粗丝；洗净的虾仁挑去虾线。

2 把虾仁装入碗中，加入1克盐、2毫升料酒、水淀粉拌匀，腌渍约10分钟至入味。

3 用油起锅，倒入虾仁炒匀，撒上姜片、葱段，炒出香味，淋入2毫升料酒，炒匀。

4 倒入彩椒丝，炒软，放入韭菜花，炒至断生，转小火，加入1克盐、鸡粉。

烹饪小提示

韭菜花炒的时间不宜太长，以免破坏营养成分，以及影响口感。

5 撒上白糖，用水淀粉勾芡，盛出装入盘中即可。

干焖大虾

⏱ 1分30秒 🥢 增强免疫力

扫一扫看视频

原料： 基围虾180克，洋葱丝50克，姜片、蒜末、葱花各少许
调料： 料酒10毫升，番茄酱20克，白糖2克，盐、食用油各适量

做法

1 将洗净的基围虾去掉头须和虾脚，将腹部切开。

2 热锅注油，烧至六成热，放入基围虾，炸至深红色，捞出，沥干油。

3 锅底留油，放入蒜末、姜片、洋葱丝，爆香，倒入基围虾、料酒。

4 加入清水、盐、白糖、番茄酱，炒匀调味，盛出装盘，撒上葱花即可。

扫一扫看视频

蒜香大虾

⏱ 1分30秒 降低血脂

原料： 基围虾230克，红椒30克，蒜末、葱花各少许
调料： 盐2克，鸡粉2克

做法

1 用剪刀剪去基围虾头须和虾脚，将虾背切开；洗好的红椒切成丝，待用。

2 锅注油，烧至六成热，放入基围虾，炸至深红色，捞出。

3 锅底留油烧热，放入蒜末，炒香，倒入基围虾、红椒丝，翻炒均匀。

4 加入盐、鸡粉，炒匀调味，放入葱花，翻炒匀，盛出即可。

扫一扫看视频

生汁炒虾球

🕐 1分钟　　🍲 降压降糖

原料： 虾仁130克，沙拉酱40克，炼乳40克，蛋黄1个，西红柿30克，蒜末各少许

调料： 盐3克，鸡粉2克，生粉、食用油各适量

做法

1 洗好的西红柿去皮，切成粒；洗净的虾仁去除虾线，加入盐、鸡粉、蛋黄拌匀，滚上生粉；沙拉酱加入炼乳拌均匀，制成调味汁。

2 锅注油烧热，倒入虾肉炸约1分钟，至其断生后捞出。

3 起油锅，爆香蒜末，放入西红柿炒香。

4 关火，放入虾仁，倒入调味汁，炒至食材入味，盛出即成。

扫一扫看视频

元帅虾

🕐 3分30秒　　🍲 保肝护肾

原料： 对虾200克，面包糠80克，鸡蛋1个，奶酪20克

调料： 盐2克，料酒5毫升，面粉、花椒油、食用油各适量

做法

1 对虾洗净去头，去除虾脚和虾壳，虾仁由背部划开，去除虾线；奶酪切片；虾仁加入盐、料酒、花椒油腌渍。

2 取一碗，倒入面粉，放入蛋黄搅散，放入蛋清调匀，制成面糊。

3 取虾仁，夹上一片奶酪，滚上面糊，裹上面包糠，制成元帅虾生坯。

4 起油锅，放入元帅虾生坯轻轻搅动，用中小火炸约1分钟，捞出即成。

扫一扫看视频

🕐 1分钟

💪 增强免疫力

西施虾仁

原料：鸡蛋2个，虾仁50克，纯牛奶100毫升
调料：盐4克，鸡粉2克，生粉7克，水淀粉、猪油、食用油各适量

烹饪小提示

猪油烧溶化后要转动炒锅，这样炒蛋液时才不会粘锅。

做法

1 虾仁去除虾线；鸡蛋打开，取出蛋清，装入碗中，待用。

2 虾仁装碗，加入1克鸡粉、2克盐、水淀粉拌匀上浆，再注油，腌渍约10分钟。

3 锅注油烧热，倒入虾仁搅匀，炸至虾身弯曲、变色后捞出。

4 蛋清加牛奶、1克鸡粉、2克盐，待用；将生粉、余下的牛奶，制成面糊，倒入蛋清中拌均匀，制成蛋液。

5 锅中放入猪油，烧热至其溶化，倒入备好的蛋液，拌炒一会儿，至其断生。

6 放入虾仁，翻炒匀，至食材熟透，盛出装在盘中即成。

干煸濑尿虾

⏱ 4分钟　🫁 降低血压

原料： 濑尿虾350克，芹菜10克，花椒10克，干辣椒5克，姜片、葱段各少许
调料： 盐、白糖各2克，鸡粉3克，料酒、食用油各适量

做法

1 锅注油烧热，倒入处理好的濑尿虾，炸至焦黄色，捞出。

2 用油起锅，倒入姜片、花椒、干辣椒，炒匀。

3 放入炸好的虾，炒匀，加入葱段、芹菜，翻炒匀。

4 放入白糖、盐、鸡粉、料酒，炒匀调味，盛出即可。

扫一扫看视频

小炒濑尿虾

🕐 4分钟　　🍖 增强免疫力

原料： 濑尿虾400克，洋葱100克，芹菜20克，红椒15克，姜片、蒜末、葱段各少许

调料： 盐、白糖各2克，鸡粉3克，料酒、生抽、食用油各适量

做法

1 洗净的芹菜切长段，待用；洗好的红椒切成圈，待用；洗净的洋葱切成块，待用。

2 锅注油烧热，倒入处理好的濑尿虾，炸至虾身变色，捞出。

3 锅底留油，倒入葱段、蒜末、姜片，大火爆香，加入洋葱、红椒、芹菜，炒约2分钟。

4 倒入虾，炒匀，加入料酒、盐、鸡粉、生抽、白糖，炒匀调味，盛出即可。

扫一扫看视频

白玉百花脯

🕐 6分钟　🍲 美容养颜

原料： 冬瓜350克，虾胶90克，上海青叶少许

调料： 盐、鸡粉各3克，生粉6克，生抽4毫升，水淀粉、食用油各适量

做法

1. 用模具在洗净的冬瓜上压出数个棋子块，挖出小窝。
2. 锅中注水烧开，加入1克盐、1克鸡粉、冬瓜块，煮约1分钟，捞出。
3. 取蒸盘，摆上冬瓜块，撒上生粉，把虾胶逐一塞入到冬瓜块的小窝中，抹平，再盖上洗净的上海青叶，制成冬瓜脯生坯，放入蒸锅，用大火蒸约3分钟，取出。
4. 锅注油烧热，倒入清水、2克盐、2克鸡粉、生抽，搅拌匀，沸腾后倒入水淀粉拌匀，制成味汁，浇在蒸熟的冬瓜脯上即可。

扫一扫看视频

香辣虾仁蒸南瓜

🕐 12分钟　🍲 降低血脂

原料： 去皮南瓜300克，虾仁90克，蒜蓉辣酱2勺，子尖椒末5克，葱段、姜片、香菜各少许

调料： 鸡粉2克，白糖3克，陈醋、辣椒油各5毫升，料酒、生抽、水淀粉、食用油各适量

做法

1. 洗净的南瓜切成厚片，待用；处理好的虾仁切成丁状，待用。
2. 蒸锅注水烧开，放入南瓜，大火蒸开转小火蒸8分钟，取出，倒出多余的汁水。
3. 锅注油，倒入姜片、葱段，爆香，放入虾仁炒匀，倒入子尖椒末、蒜蓉辣酱、料酒、生抽、清水、白糖、鸡粉、陈醋、水淀粉，炒至入味，加入辣椒油，炒至食材熟透。
4. 将炒好的虾仁盛出，放在蒸好的南瓜上，用少许香菜做点缀即可。

扫一扫看视频

蒜香豆豉蒸虾

⏱ 12分钟　🧠 保肝护肾

原料：基围虾270克，豆豉15克，彩椒末、姜片、蒜末、葱花各少许
调料：盐、鸡粉各2克，料酒4毫升

做法

1 洗净的基围虾去除头部，再从背部切开，去除虾线，待用。

2 取一个小碗，加入鸡粉、盐，淋入料酒，拌匀，制成味汁。

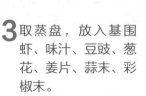

3 取蒸盘，放入基围虾、味汁、豆豉、葱花、姜片、蒜末、彩椒末。

4 蒸锅烧开，放入蒸盘，用中火蒸约10分钟，取出，放凉后即可食用。

扫一扫看视频

扫一扫看视频

清蒸濑尿虾

⏱ 24分钟　🐷 益气补血

原料：濑尿虾300克，豉油10毫升，姜丝、葱段、红椒丝各少许

做法

1 取一个盘子，摆放好处理好的濑尿虾，待用。

2 蒸锅中注水烧开，放上濑尿虾，盖上盖，大火蒸20分钟至濑尿虾熟，关火后取出蒸好的濑尿虾，放上葱段、姜丝、红椒丝，待用。

3 锅置于火上，注入适量食用油，将油烧至七成热。

4 关火后把油浇在虾身上，再倒入豉油即可。

明虾海鲜汤

⏱ 7分钟　🐷 保肝护肾

原料：明虾30克，西红柿100克，西蓝花130克，洋葱60克，姜片少许

调料：盐、鸡粉各1克，橄榄油适量

做法

1 洗净的洋葱切小块；洗好的西红柿去蒂，切小瓣；洗净的西蓝花切小块。

2 锅倒入橄榄油，放入姜片，爆香，倒入洋葱，炒匀，倒入西红柿，炒匀。

3 注入清水，拌匀，放入明虾，煮开后转中火煮约5分钟至食材熟透。

4 倒入西蓝花拌匀，加入盐、鸡粉，拌匀，稍煮片刻至入味即可。

蟹

蟹乃食中珍味，素有"一盘蟹，顶桌菜"的民谚。它不但味美，且营养丰富，是一种高蛋白的补品，其含有蛋白质、脂肪、钙、磷、碘、胡萝卜素、维生素B₂、甲壳素等营养物质，能强健骨质、预防骨质疏松、抑制人体组织不正常增生、预防甲状腺肿大。

扫一扫看视频

香辣酱炒花蟹

⏱ 9分钟　　🧠 清热解毒

原料：花蟹2只，豆瓣酱15克，葱段、姜片、蒜末、香菜段各少许
调料：盐2克，白糖3克，料酒、食用油各适量

做法

1 洗净的花蟹由后背剪开，去除内脏，对半切开，再把蟹爪切碎，待用。

2 用油起锅，倒入豆瓣酱，炒香，放入姜片、蒜末，炒匀。

3 淋入料酒，注入适量清水，倒入花蟹，拌匀，加入白糖、盐拌匀，加盖，中火焖约5分钟至食材熟透。

4 揭盖，放入葱段、香菜段，大火翻炒片刻至断生即可。

美味酱爆蟹

⏱ 4分钟　　☁ 增强免疫力

扫一扫看视频

原料： 螃蟹600克，干辣椒5克，葱段、姜片各少许
调料： 黄豆酱15克，料酒8毫升，白糖2克，盐、食用油各适量

做法

1 处理干净的螃蟹剥开壳，去除蟹腮，切成块，待用。

2 锅注油烧热，倒入姜片、黄豆酱、干辣椒，大火爆香，倒入螃蟹，淋入料酒，炒匀去腥。

3 注入清水，加入盐，炒匀，盖上锅盖，大火焖3分钟。

4 开盖，倒入葱段，翻炒均匀，加入白糖，翻炒片刻，盛出装入盘中即可。

扫一扫看视频

2分钟

开胃消食

桂圆蟹块

原料： 蟹块400克，桂圆肉100克，洋葱50克，姜片、洋葱片、葱段各少许

调料： 料酒10毫升，生抽5毫升，生粉20克，盐2克，鸡粉2克

烹饪小提示

蟹块要用中小火翻炒，以免煳锅。

做法

1 将洗净的蟹块装入盘中，撒上生粉，拌匀，待用。

2 锅注油烧热，放入蟹块，炸约半分钟至其呈鲜红色，捞出，装盘备用。

3 锅底留油烧热，放入洋葱、姜片、葱段，大火爆香。

4 倒入炸好的蟹块，淋入料酒。

5 放入盐、鸡粉，再淋入生抽，将食材翻炒均匀。

6 倒入桂圆肉，炒匀，盛出炒好的蟹块，装入盘中即可。

螃蟹炖豆腐　⏱ 17分钟　益气补血

原料： 豆腐185克，螃蟹2只，姜片、葱段各少许
调料： 盐2克，鸡粉2克，料酒4毫升，食用油适量

扫一扫看视频

做法

1 洗净的螃蟹去除脏物，敲裂蟹钳；洗净的豆腐切方块。

2 用油起锅，倒入姜片、葱段，爆香，放入螃蟹，炒匀，淋入料酒，炒出香味。

3 注入清水，略煮，待汤汁沸腾，放入豆腐块，拌匀，用小火煮约15分钟。

4 加入盐、鸡粉，拌匀，转大火煮至食材入味，盛出即成。

北极贝

北极贝有一种天然独特的鲜甜味道，富含蛋白质、钙、铁、锌、磷、维生素A、硒等营养物质。北极贝肉质肥美，含有丰富的蛋白质和不饱和脂肪酸，脂肪含量低，但富含铁质和抑制胆固醇的Ω-3，可以预防贫血，改善"三高"症状。中医认为，北极贝对人体有着良好的保健功效，有滋阴平阳、养胃健脾等作用，是上等的食品和药材。

扫一扫看视频

北极贝蒸蛋　🕐 13分钟　増强免疫力

原料：北极贝60克，鸡蛋3个，蟹柳55克

调料：盐2克，鸡粉少许

做法

1 洗净的蟹柳切丁；鸡蛋打入碗中搅散，再注入适量清水。

2 加入盐、鸡粉，倒入蟹柳丁快速搅拌匀，制成蛋液，待用。

3 取一蒸碗，倒入调好的蛋液。

4 蒸锅烧开，放入蒸碗，用中火蒸约6分钟，至食材断生，再把北极贝放入蒸碗中，转大火蒸约5分钟，取出即可。

凉拌杂菜北极贝

⏱ 1分30秒　🧠 美容养颜

扫一扫看视频

原料： 胡萝卜80克，黄瓜70克，北极贝50克，苦菊40克

调料： 白糖2克，胡椒粉少许，芝麻油、橄榄油各适量

做法

1 将去皮洗净的胡萝卜切成片；洗好的黄瓜切成片。

2 取一碗，倒入胡萝卜片、黄瓜片、北极贝、白糖。

3 撒上胡椒粉，注入芝麻油、橄榄油，搅拌至食材入味。

4 另取一盘子，放入洗净的苦菊铺好，盛入拌好的食材，摆好盘即成。

蛤蜊

蛤蜊的两扇贝壳不大，近于卵圆形，表面生有互相交织的同心和放射状的肋以及各色的花纹。蛤蜊肉质鲜美无比，被称为"天下第一鲜"，江苏民间还有"吃了蛤蜊肉，百味都失灵"之说。蛤蜊含有蛋白质、脂肪、糖类、铁、钙、磷、碘、维生素、氨基酸和牛磺酸等多种成分，有利于儿童的骨骼发育，对贫血的抑制有一定的作用。

扫一扫看视频

酱香花甲螺

⏱ 2分10秒　　🍲 增强免疫力

原料：花甲600克，豆豉15克，海鲜酱40克，蒜末、葱段各少许
调料：盐2克，白糖2克，鸡粉2克，料酒4毫升，生抽3毫升，水淀粉5毫升，食用油适量

做法

1 用油起锅，放入蒜末、豆豉，爆香，倒入洗净的花甲，翻炒均匀。

2 淋入料酒、生抽，炒匀、炒香，放入海鲜酱，翻炒均匀。

3 放盐、白糖、鸡粉炒匀调味，盖上盖子，用大火焖约1分钟。

4 揭盖，大火收汁，放入葱段，放入水淀粉勾芡，盛出即可。

扫一扫看视频

节瓜炒花甲

⏱ 2分钟　🫘 保护视力

原料： 净花甲550克，节瓜120克，海米45克，姜片、葱段、红椒圈各少许

调料： 盐2克，鸡粉少许，蚝油7毫升，生抽4毫升，料酒3毫升，水淀粉、食用油各适量

做法

1. 将洗净的节瓜去瓤，切粗条。
2. 锅中注水烧热，倒入洗净的花甲，用中火煮约6分钟，至花甲壳裂开，捞出。
3. 用油起锅，撒上姜片、葱段、红椒圈，爆香。倒入海米，炒出香味，放入节瓜，炒透，倒花甲、料酒，炒至食材断生。
4. 加入盐、鸡粉、蚝油、生抽、水淀粉，翻炒至食材入味，盛出即可。

扫一扫看视频

泰式肉末炒蛤蜊

⏱ 3分钟　🫘 清热解毒

原料： 蛤蜊500克，肉末100克，姜末、葱花各少许

调料： 泰式甜辣酱5克，豆瓣酱5克，料酒5毫升，水淀粉5毫升，食用油适量

做法

1. 锅中注水烧开，倒入处理好的蛤蜊，略煮一会儿，捞出，沥干水分，待用。
2. 热锅注油，倒入肉末，翻炒至变色，倒入姜末、葱花，放入适量豆瓣酱、泰式甜辣酱。
3. 再倒入蛤蜊，淋入料酒，翻炒均匀。
4. 倒入水淀粉，翻炒匀，放入余下的葱花炒出香味，盛出即可。

扫一扫看视频

🕐 7分钟

开胃消食

酱汁花蛤

原料： 花蛤900克，姜末、蒜末、葱花、朝天椒各少许，海鲜酱10克

调料： 盐3克，白糖2克，蚝油5毫升，生抽、料酒各5毫升，食用油适量

烹饪小提示

花蛤本身富有鲜味及咸味，烹饪时可少放盐。

做法

1 取一碗水，放入花蛤、盐拌匀，浸泡1小时至花蛤吐出脏污，捞出。

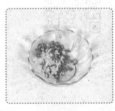

2 取一碗，倒入葱花、姜末、蒜末、朝天椒、海鲜酱、蚝油。

3 加入料酒、生抽、白糖，注入清水，拌匀，倒入食用油，拌匀，制成酱汁。

4 锅置火上，放入花蛤，加盖，用中火焖4分钟至水分蒸发。

5 揭盖，均匀淋入酱汁，加盖，用大火焖2分钟至入味。

6 揭盖，关火后盛出焖好的花蛤，装入盘中即可。

酒蒸蛤蜊

⏱ 5分钟　🍃 增强免疫力

扫一扫看视频

原料： 蛤蜊700克，清酒30毫升，干辣椒5克，黄油20克，葱段、蒜末各少许
调料： 盐2克，生抽5毫升，食用油适量

做法

1 用油起锅，倒入蒜末、干辣椒，爆香，放入蛤蜊，炒匀。

2 倒入清酒、盐，加盖，大火焖3分钟至食材熟透。

3 揭盖，放入黄油，炒匀，加入生抽、葱段，拌匀使其入味。

4 关火后将焖好的蛤蜊盛出，放入备好的盘中即可。

丝瓜炒蛤蜊肉

1分30秒　益智健脑

原料： 丝瓜120克，蛤蜊肉100克，红椒20克，姜片、蒜末、葱段各少许

调料： 盐、鸡粉各2克，生抽5毫升，水淀粉、食用油各适量

做法

1 洗净去皮的丝瓜切成小块；洗好的红椒去籽，再切成小块。

2 用油起锅，放入姜片、蒜末、葱段，爆香，倒入丝瓜、红椒，炒至析出汁水。

3 放入蛤蜊，注入少许清水，翻炒一会儿至肉质断生。

4 转小火，加入盐、鸡粉、生抽炒至熟透，倒入水淀粉勾芡，盛出即成。

扫一扫看视频

扫一扫看视频

黄瓜拌蚬肉

🕐 3分30秒　🍽 降低血压

原料：黄瓜200克，花甲肉90克，香菜15克，胡萝卜100克，姜末、蒜末各少许

调料：盐3克，鸡粉2克，料酒8毫升，白糖3克，生抽8毫升，陈醋8毫升，芝麻油2毫升

做法

1 洗净去皮的胡萝卜切成丝；洗好的香菜切成段；洗净的黄瓜切成丝。

2 砂锅中注水烧开，放入料酒、1克盐、胡萝卜、花甲肉拌匀，煮至熟，捞出。

3 把黄瓜装入碗中，加入胡萝卜和花甲，倒入姜末、蒜末、香菜。

4 放入2克盐、鸡粉、白糖，淋入生抽、陈醋、芝麻油，拌匀调味即可。

麻辣水煮花蛤

🕐 15分钟　🍽 降低血脂

原料：花蛤蜊500克，豆芽200克，黄瓜200克，芦笋5根，青椒30克，红椒30克，去皮竹笋100克，辣椒粉5克，干辣椒5克，花椒8克，香菜、豆瓣酱、姜片、葱段、蒜片各适量

调料：鸡粉3克，生抽、料酒、食用油各适量

做法

1 红椒、青椒、竹笋、黄瓜、芦笋均洗净改刀；热油爆香姜蒜、花椒、干辣椒。

2 加豆瓣酱、辣椒粉炒匀，加水、花蛤、鸡粉、生抽、料酒。焯水后捞出，倒竹笋、豆芽、黄瓜、莴笋焯水捞出。

3 碗中加煮过的食材、汤汁、香菜、葱段、辣椒粉；热油倒入花椒、干辣椒。

4 稍煮，浇在花蛤上，放上香菜叶即可。

蛏子

蛏子，又名蛏子缢、蛏青子。贝壳脆而薄，呈长扁方形，自壳顶腹缘，有一道斜行的凹沟，故名缢蛏。其含有丰富蛋白质、钙、铁、硒、维生素A等营养元素，滋味鲜美，营养价值高。中医认为，蛏子肉具有补阴、清热、除烦、解酒毒等功效，壳可用于医治胃病、咽喉肿痛的食疗。

扫一扫看视频

姜葱炒蛏子 🕐 2分钟 🫕 开胃消食

原料： 蛏子300克，姜片、葱段各少许，彩椒丝适量

调料： 盐2克，鸡粉2克，料酒8毫升，生抽4毫升，水淀粉5毫升，食用油适量

做法

1 锅中注入适量清水，烧开，倒入处理好的蛏子，略煮一会儿。

2 将汆煮好的蛏子捞出，沥干水分，去除蛏子壳，挑去沙线。

3 锅注油，倒入姜片、葱段、彩椒丝，爆香，倒入蛏子肉，放入盐、鸡粉。

4 淋入生抽、料酒、水淀粉，翻炒片刻，至食材入味，盛出装盘即可。

蒜蓉蒸蛏子

🕐 *11分钟* 🍲 *清热解毒*

原料： 蛏子250克，水发粉丝20克，红椒粒、蒜蓉、葱花各少许

调料： 盐3克，生抽6毫升，蚝油4毫升，鸡粉2克，芝麻油5毫升

做法

1 取一碗，倒入粉丝、蒜蓉、红椒粒、盐、生抽、蚝油、鸡粉、芝麻油，搅拌均匀。

2 将处理干净的蛏子放入盘中，放入拌好的粉丝，撒上葱花、红椒粒。

3 蒸锅上火烧开，放入蛏子，盖上锅盖，用大火蒸10分钟至食材熟透。

4 揭开锅盖，取出蒸好的蛏子即可。

粉丝蒸蛏子

🕐 *18分钟* 🍲 *清热解毒*

原料： 净蛏子200克，水发粉丝125克，蒜末10克，葱花、姜片各5克

调料： 白糖3克，蒸鱼豉油10毫升，食用油适量

做法

1 取一蒸盘，倒上洗净的粉丝，铺好，放入处理干净的蛏子，摆好造型。

2 用油起锅，撒上蒜末、姜片，爆香，加入白糖，快速拌匀，浇在蛏子上，待用。

3 备好电蒸锅，烧开水后放入蒸盘，盖上盖，蒸约15分钟，至食材熟透。

4 断电后揭盖，取出蒸盘，趁热浇上蒸鱼豉油即可。

海瓜子

海瓜子因状如南瓜子而得名，学名梅蛤，也称"虹彩明樱蛤""扁蛤"，在三月和八月这两个月食用为最佳，此时的海瓜子头大脂厚，体黄，味道鲜美。海瓜子有较高的营养价值，含有丰富的蛋白质、铁、钙等多种营养成份，具有调节血脂、预防心脑血管疾病、平咳喘等功能。

扫一扫看视频

酱爆海瓜子

🕐 3分30秒　　🥩 增强免疫力

原料： 海瓜子200克，青椒圈、红椒圈、姜片、葱段各少许
调料： 料酒4毫升，生抽4毫升，鸡粉2克，水淀粉4毫升，蚝油3毫升，豆瓣酱5克，甜面酱、食用油各适量

做法

1 锅中注入适量清水，倒入洗好的海瓜子，待海瓜子完全开口后捞出。

2 热锅注油，倒入姜片、葱段，大火爆香，加入豆瓣酱、甜面酱炒出香味。

3 放入青椒圈、红椒圈、海瓜子炒均匀，淋入料酒、生抽，放入鸡粉、蚝油炒匀。

4 倒入水淀粉，翻炒均匀，盛出装入盘中即可。

扫一扫看视频

九层塔炒海瓜子

🕐 2分钟　🍽 开胃消食

原料： 海瓜子300克，罗勒叶、姜片、葱段、红椒圈各少许

调料： 盐2克，鸡粉2克，蚝油4毫升，生抽5毫升，白糖3克，料酒4毫升，水淀粉、食用油各适量

做法

1 锅中注水烧热，倒入备好的海瓜子，略煮一会儿，煮至全部开口后将其捞出，沥干水分，备用。

2 热锅注油，倒入姜片、葱段、红椒圈爆香，放入洗好的罗勒叶炒出香味。

3 倒入焯好水的海瓜子炒匀，加入料酒、盐、鸡粉、蚝油、生抽、白糖炒匀调味。

4 加入水淀粉翻炒均匀，盛入盘中即可。

扫一扫看视频

辣炒海瓜子

🕐 3分30秒　🍽 开胃消食

原料： 海瓜子300克，青椒25克，红椒25克，姜片、葱段各少许，豆瓣酱15克

调料： 鸡粉2克，料酒5毫升，生抽4毫升，水淀粉4毫升，豆瓣酱、食用油各适量

做法

1 锅中注水烧热，倒入洗好的海瓜子，略煮一会儿，煮至全部开口后将其捞出，沥干水分，备用。

2 热锅注油，倒入姜片、葱段、豆瓣酱，翻炒出香味。

3 放入青椒、红椒、海瓜子，翻炒均匀，淋入料酒、生抽，再加入鸡粉。

4 倒入水淀粉，翻炒均匀，盛入盘中即可。

鲍鱼

鲍鱼是海产贝类，同鱼毫无关系，自古被人们视为"海味珍品之冠"，其肉质柔嫩细滑，滋味极其鲜美，非其他海味所能比拟。其富含蛋白质、脂肪、糖类、维生素A、维生素B_2、维生素B_5、钾、钠、钙等营养物质，它能够提高免疫力、破坏癌细胞必需的代谢物质、保护皮肤健康、保护视力以及促进生长发育。

扫一扫看视频

油淋小鲍鱼

🕐 8分钟　　🍲 清热解毒

原料： 鲍鱼120克，红椒10克，花椒4克，姜片、蒜末、葱花各少许
调料： 盐、鸡粉、料酒、生抽、食用油各适量

做法

1 洗好的鲍鱼肉两面都切上花刀；洗净的红椒去籽，切成小丁块，待用。

2 锅注水烧开，倒入料酒、鲍鱼肉、鲍鱼壳、盐、鸡粉煮1分钟，捞出鲍鱼肉。

3 用油起锅，放入姜片、蒜末爆香，注水，加入生抽、盐、鸡粉拌匀。倒鲍鱼肉煮沸，转小火煮3分钟。拣出壳，放入鲍鱼肉，点缀上红椒、葱花。

4 另起锅，注油烧热，放入花椒爆香，淋在鲍鱼肉上即可。

百合鲍片

🕐 2分钟　　🫁 养心润肺

原料： 鲍鱼肉140克，鲜百合65克，彩椒12克，姜片、葱段各少许
调料： 盐、鸡粉各2克，白糖少许，料酒3毫升，水淀粉、食用油各适量

做法

1 洗净的鲍鱼肉、彩椒切片；水烧开，放入洗净的百合拌匀。

2 焯煮一会儿，捞出，再倒入鲍鱼片拌匀，汆去腥味，捞出。

3 用油起锅，撒上姜片、葱段，大火爆香，倒入彩椒、鲍鱼、料酒、百合。

4 转小火，加入盐、鸡粉、白糖，再用水淀粉勾芡，盛出即成。

鲍丁小炒

2分钟　　保护视力

原料： 小鲍鱼165克，彩椒55克，蒜末、葱末各少许
调料： 盐、鸡粉各2克，料酒6毫升，水淀粉、食用油各适量

做法

1 洗净的鲍鱼分出壳、肉；水烧开，倒入鲍鱼、料酒拌匀，去除腥味，捞出。

2 洗净的彩椒切成细条，再切成丁；放凉的鲍鱼肉切开，改切成丁。

3 用油起锅，倒入蒜末、葱末，爆香，放入彩椒、鲍鱼肉、料酒，炒香。

4 加入盐、鸡粉、水淀粉，炒至食材熟透；鲍鱼壳放整齐，盛入锅中材料即成。

扫一扫看视频

扫一扫看视频

鲜虾烧鲍鱼

🕐 67分钟　☁ 保肝护肾

原料： 基围虾180克，鲍鱼250克，西蓝花100克，葱段、姜片各少许

调料： 海鲜酱25克，盐3克，鸡粉少许，蚝油6毫升，料酒8毫升，蒸鱼豉油、水淀粉、食用油各适量

做法

1 鲍鱼取下鲍鱼肉，浸泡一会儿；水烧开，放入鲍鱼肉、料酒汆去杂质，捞出，倒入基围虾煮约半分钟，捞出。

2 沸水锅中加1克盐、油、西蓝花焯水捞出。

3 砂锅注油，放入姜片、葱段、海鲜酱、鲍鱼肉、水、料酒、豉油煮1小时。

4 倒入基围虾、蚝油、鸡粉、2克盐、水淀粉炒匀，盛出，用西蓝花围边即成。

蒜蓉粉丝蒸鲍鱼

🕐 5分30秒　☁ 清热解毒

原料： 鲍鱼150克，水发粉丝50克，蒜末、葱花各少许

调料： 盐2克，鸡粉少许，生粉8克，生抽3毫升，芝麻油、食用油各适量

做法

1 洗净的粉丝切小段；鲍鱼的肉和壳分开，洗净，鲍鱼肉上切上网格花刀。

2 蒜末加入盐、鸡粉、生抽、食用油、生粉、芝麻油拌匀，制成味汁。

3 取蒸盘，摆上鲍鱼壳，将鲍鱼肉塞入鲍鱼壳中，放上粉丝、味汁。

4 蒸锅烧开，放入蒸盘，用大火蒸约3分钟，取出，趁热撒上葱花，淋上热油即成。

生蚝

生蚝，学名牡蛎，一般附着生活于适宜海区的岩石上，是海产品中的佼佼者，可同人类最接近理想的食品——牛奶相媲美，在古代就已被认为是"海族中之最贵者"。生蚝富含氨基酸、肝糖元、B族维生素、牛磺酸和钙、磷、铁、锌等营养物质，具有保肝利胆、促进胎儿的生长发育、矫治孕妇贫血、补钙、提升造血功能的作用。

扫一扫看视频

脆炸生蚝

⏱ 2分钟　　降低血脂

原料： 发粉250克，生蚝肉120克

调料： 盐2克，料酒6毫升，生粉、食用油各适量

做法

1 发粉装碗，加入适量清水、食用油，静置10分钟，调匀。

2 水烧开，放入生蚝肉、盐、料酒搅匀，煮1分钟，捞出，裹上生粉。

3 锅注油烧热，把生蚝肉裹上面浆，放入油锅中，炸2分钟，至其呈金黄色，捞出。

4 取数个锡纸杯，放入盘中，再逐一放入炸好的生蚝即可。

软炒蚝蛋

🕐 2分30秒　　🧠 益智健脑

原料： 生蚝肉120克，鸡蛋2个，马蹄肉、香菇、肥肉各少许

调料： 鸡粉4克，盐3克，水淀粉4毫升，料酒9毫升，食用油适量

做法

1. 洗净的香菇、马蹄肉、肥肉均切成粒；生蚝肉加入2克鸡粉、1克盐、4毫升料酒，拌匀；鸡蛋加入鸡粉、1克盐、水淀粉，打散调匀。
2. 锅注水烧开，放入生蚝肉煮1分钟，捞出；另起锅，注水烧开，加入1克鸡粉、1克盐、食用油、香菇、马蹄，煮1分钟，捞出。
3. 用油起锅，放入肥肉、马蹄和香菇，炒匀，放入生蚝肉、5毫升料酒、1克盐、1克鸡粉，炒匀。
4. 倒入蛋液翻炒至熟，装入盘中即可。

生蚝茼蒿炖豆腐

🕐 4分钟　　🧠 降低血压

原料： 豆腐200克，茼蒿100克，生蚝肉90克，姜片、葱段各少许

调料： 盐3克，鸡粉2克，老抽2毫升，料酒4毫升，生抽5毫升，水淀粉、食用油各适量

做法

1. 洗净的茼蒿切段；洗好的豆腐切小方块。
2. 锅注水烧开，加入1克盐、豆腐块，煮约半分钟，捞出，再倒入生蚝肉搅匀，煮约1分钟，捞出。
3. 用油起锅，放入姜片、葱段，爆香，倒入生蚝肉、料酒炒透，放入茼蒿、豆腐、2克盐、老抽、生抽、鸡粉，转中火炖煮约2分钟。
4. 用大火收汁，倒入水淀粉，翻炒至汤汁收浓，盛出即成。

扇贝

扇贝是双壳类动物，其贝壳呈扇形，好像一把扇子，故得扇贝之名，是名贵的海珍品之一，在我国沿海均有分布。其壳、肉、珍珠层具有极高的利用价值，富含蛋白质、脂肪、糖类、维生素、钙、磷、钾、钠、镁、铁、锌、等多种元素，能抑制皮肤衰老、防止色素沉着、消除因皮肤过敏或感染引起的皮肤干燥和瘙痒等皮肤损害。

扫一扫看视频

焗烤扇贝

🕐 16分钟　　😋 美容养颜

原料： 扇贝160克，奶酪碎65克，蒜末少许
调料： 盐1克，料酒5毫升，食用油适量

做法

1 洗净的扇贝肉上撒入盐，淋入料酒，加上奶酪碎，放上蒜末，淋入食用油。

2 备好烤箱，取出烤盘，放上扇贝，将烤盘放入烤箱。

3 上火温度调至200℃，选择"双管发热"功能，下火温度调至190℃，烤15分钟。

4 打开箱门，取出烤盘，将烤好的扇贝装盘即可。

扫一扫看视频

扇贝拌菠菜

🕐 2分钟　🍲 降低血压

原料： 扇贝600克，菠菜180克，彩椒40克

调料： 盐3克，鸡粉3克，生抽10毫升，芝麻油、食用油各适量

做法

1 锅中注水烧开，倒入洗净的扇贝，煮至贝壳张开后捞出，置于清水中，去除壳和内脏，留取扇贝肉。

2 洗净的菠菜切去根，切成段；洗好的彩椒切成粗丝；洗净的扇贝肉切开。

3 锅注水烧开，注油，倒入切好的菠菜、彩椒丝，煮约半分钟，捞出，再放入扇贝肉，煮至其熟软后捞出。

4 碗中放入菠菜、彩椒丝、扇贝肉、盐、鸡粉、生抽、芝麻油，拌入味即成。

扫一扫看视频

蒜香粉丝蒸扇贝

🕐 13分钟　🍲 益气补血

原料： 净扇贝180克，水发粉丝120克，蒜末10克，葱花5克

调料： 剁椒酱20克，盐3克，料酒8毫升，蒸鱼豉油10毫升，食用油适量

做法

1 粉丝洗净切段；扇贝肉洗净，装碗加入料酒、盐拌匀，腌渍约5分钟。

2 取蒸盘，放入扇贝壳，摆放整齐，在扇贝壳上倒入粉丝和扇贝肉，撒上剁椒酱。

3 用油起锅，撒上蒜末爆香，盛出，浇在扇贝肉上。

4 电蒸锅烧开后放入蒸盘，蒸约8分钟，取出浇上蒸鱼豉油，点缀上葱花即可。

干贝

干贝，是扇贝干制的闭壳肌，其味道、色泽、形态与海参、鲍鱼不相上下，被列入八珍之一。古人曰："食后三日，犹觉鸡虾乏味。"可见干贝之鲜美非同一般。干贝富含蛋白质、糖类、维生素、钙、磷、铁等多种营养成分，其矿物质的含量远在鱼翅、燕窝之上，具有滋阴补肾、和胃调中的功能。

扫一扫看视频

干贝芥菜

🕐 6分钟　🍽 开胃消食

原料： 芥菜700克，水发干贝15克，干辣椒5克
调料： 盐、鸡粉各1克，食粉、食用油各适量

做法

1 干辣椒切成丝；水烧开，加入食粉、芥菜拌匀，汆煮3分钟至断生。

2 捞出芥菜，放入凉水中，去掉叶子，对半切开。

3 用油起锅，放入切好的干辣椒，炸约2分钟至辣味析出，捞出干辣椒。

4 注入清水，倒入干贝、芥菜，煮约2分钟至食材熟透，加入盐、鸡粉，拌匀，捞出煮好的芥菜，盛出汤汁淋在芥菜上即可。

干贝炒丝瓜

⏱ 3分钟　　☁ 保肝护肾

原料： 丝瓜200克，彩椒50克，干贝30克，姜片、蒜末、葱段各少许
调料： 盐2克，鸡粉2克，料酒、生抽、水淀粉、食用油各适量

做法

1 将洗净去皮的丝瓜切成片；洗好的彩椒切成小块；泡好的干贝压烂。

2 锅注油烧热，放入姜片、蒜末、葱段，爆香，倒入干贝、料酒，炒香。

3 倒入丝瓜、彩椒、清水，炒至熟软，加入盐、鸡粉、生抽，炒匀调味。

4 倒入适量水淀粉，快速翻炒均匀，盛出装入盘中即成。

水晶干贝

⏱ *12分钟* 🫘 *增强免疫力*

原料： 干贝200克，火腿20克，香菇15克，鸡汤500毫升，蛋清100克
调料： 盐2克，鸡粉2克，水淀粉4毫升

做法

1 洗净的香菇切成片；蛋清打散，加入鸡汤搅匀。

2 蒸锅中放入香菇、火腿、蛋液，大火蒸5分钟，取出，加入干贝、香菇、火腿。

3 将蒸盘放入蒸锅中，用大火蒸10分钟至熟，取出。

4 炒锅倒入鸡汤，加入盐、鸡粉、水淀粉，调成芡汁，盛出浇在干贝鸡蛋上即可。

扫一扫看视频

扫一扫看视频

鸡丁炒鲜贝

🕐 2分30秒　🍅 增强免疫力

原料： 鸡胸肉180克，香干70克，干贝85克，青豆65克，胡萝卜75克，姜末、蒜末、葱段各少许

调料： 盐5克，鸡粉3克，料酒4毫升，水淀粉、食用油各适量

做法

1 香干洗净切丁；去皮洗好的胡萝卜切成丁；鸡胸肉洗净切丁，放入2克盐、1克鸡粉、水淀粉抓匀，加食用油腌渍10分钟。

2 沸水锅中加2克盐、青豆、油、香干、胡萝卜煮1分钟，加干贝煮半分钟，捞出。

3 起油锅，爆香姜末、蒜末、葱段，倒入鸡肉、料酒、焯过水的食材炒匀，加入1克盐、2克鸡粉炒匀调味即成。

干贝胡萝卜芥菜汤

🕐 20分钟　🍅 增强免疫力

原料： 芥菜100克，胡萝卜30克，春笋50克，水发干贝8克，水发香菇15克

调料： 盐2克，鸡粉3克，胡椒粉适量

做法

1 洗净去皮的春笋切片；洗好去皮的胡萝卜切片；洗净的香菇切片；洗好的芥菜切小段。

2 锅中注水烧开，倒入春笋煮5分钟，捞出。

3 砂锅注水，倒入洗好的干贝，放入香菇、春笋，拌匀煮沸，倒入胡萝卜、芥菜拌匀。

4 续煮15分钟至食材熟透，加入盐、鸡粉、胡椒粉，拌匀即可。

螺

螺分为田螺和海螺，其肉质细嫩，味道鲜美，在我国素有"盘中明珠"之美誉，是我国城乡居民十分喜欢的一种美味佳肴，含蛋白质、糖类、维生素、钾、钾、钙、镁、磷等营养物质。螺肉具有维持钾钠平衡、消除水肿、提高免疫力、调低血压、缓解贫血症状的作用，有利于生长发育。

扫一扫看视频

香菜炒螺片

🕐 3分钟　　🧠 保护视力

原料： 水发螺片100克，香菜梗10克，红椒20克
调料： 盐2克，鸡粉2克，水淀粉4毫升，料酒8毫升，食用油适量

 做法

1 洗净的红椒去子，切成丝；洗好的螺片用斜刀切成片。

2 锅注水烧开，倒入螺片、4毫升料酒，略煮一会儿，汆去腥味，捞出螺片。

3 锅注油，倒入红椒、香菜梗、螺片，炒匀，淋入4毫升料酒。

4 加入盐、鸡粉、水淀粉，翻炒均匀，至食材入味，盛出即可。

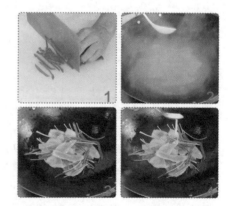

扫一扫看视频

辣椒炒螺片

🕐 2分钟　🍴 保护视力

原料： 青椒40克，红椒55克，水发响螺肉150克，姜片、蒜末、葱段各少许

调料： 盐、鸡粉各2克，生抽4毫升，料酒5毫升，水淀粉、食用油各适量

做法

1 洗净的响螺肉用斜刀切片；洗好的青椒、红椒去子，切片。

2 锅中注水烧开，倒入螺肉片、2毫升料酒拌匀，煮1分30秒，捞出螺肉片。

3 用油起锅，倒入姜片、蒜末、葱段，爆香，放入青椒片、红椒片，略炒，倒入汆过水的螺肉片，炒匀。

4 转小火，淋入3毫升料酒、生抽、鸡粉、盐、水淀粉，用中火翻炒一会儿，至食材熟透即成。

扫一扫看视频

香辣小海螺

🕐 5分钟　🍴 开胃消食

原料： 花螺300克，郫县豆瓣酱15克，姜片少许

调料： 鸡粉、胡椒粉各1克，料酒5毫升，水淀粉、食用油各适量

做法

1 锅中注水烧热，倒入处理好的花螺，用小火煮1分钟，捞出。

2 用油起锅，倒入姜片，大火爆香，放入豆瓣酱炒匀。

3 注入清水，倒入花螺炒匀，放入料酒，炒约3分钟至花螺熟透。

4 加入鸡粉、胡椒粉炒匀，用水淀粉勾芡，盛出装入盘中即可。

海底椰响螺汤

⏱ 32分钟　🍲 美容养颜

原料： 鲜海底椰300克，水发螺片200克，甜杏仁10克，蜜枣3个，姜片少许

调料： 盐2克，料酒适量

做法

1 将洗净的螺片斜刀切成片，待用。

2 砂锅中注水，倒入蜜枣、甜杏仁、螺片、海底椰、姜片，淋入料酒。

3 加上盖，用小火煮30分钟至析出有效成分。

4 揭开盖，加入盐，搅拌均匀至食材入味。

烹饪小提示

因为螺片形状不规则，所以用横刀切片为宜。切好的螺肉可以用淡盐水洗净。

5 关火，盛出煮好的汤，装入备好的碗中即可。